PÍLDORA ROJA

*Sin bandera y sin rostro, detrás de los
ciberataques al mundo financiero*

ORLANDO DÍAZ

CONTENIDO

1

DOWN THE RABBIT HOLE

El 24 de mayo de 2018, uno de los principales bancos de Chile sufrió el ciberataque más grande ocurrido hasta la fecha en el país.

Miles de terminales de trabajo y cientos de servidores fallaron, el programa malicioso atacante impedía recuperar los equipos, al dañar el *Master Boot Record* *[MBR]*, borrando así el primer sector del disco duro de la computadora.

Ocurrió un efecto dominó que empezó por decenas, luego miles, hasta afectar alrededor de diez mil equipos.

Pantallas en negro, sistemas no disponibles, clientes molestos, y la pesadilla recién empezaba, debido al infame ataque con el programa *MBRkiller*.

Lo que el banco no sabía mientras vivía su pesadilla, era que esta acción sólo constituía una jugada preparada quirúrgicamente para dar un golpe maestro, y concluir con el robo de diez millones de dólares.

Los atacantes utilizaron el caos para enfocarse en el sistema de transferencia *SWIFT*, y así extraer dinero del banco manipulando los registros de forma que no fuera posible rastrearlos.

Ya lo habían hecho antes, entre 2015 y 2018, el sistema *SWIFT*, que representa la «Sociedad de Telecomunicaciones Financieras Interbancarias Mundiales», interconecta a más de once mil instituciones financieras en más de doscientos países, y por donde viajan trillones de dólares en órdenes de pago diariamente, se encontraba en la mira de los *hackers*.

Meses antes del ataque en Chile, Bancomext en México había dado un aviso cercano en Latinoamérica, cuando intentaron robarles la no menospreciable cifra de cien millones de dólares. Se trataba de una pequeña «donación» del banco a una iglesia coreana que no tuvo éxito.

Además de la identificación de la anomalía oportunamente, la suerte estuvo de su lado, ya que el banco receptor al otro lado del mundo estaba cerrado por ser horas de la madrugada, esto permitió que las órdenes de transferencias pudieran ser detenidas y reversadas.

Estas amenazas sofisticadas y silenciosas ejecutadas por grupos conocidos como APT *(Advance Persistent Threat)*, toman el tiempo necesario para ir avanzando dentro de la red sin levantar sospechas hasta completar su objetivo.

Algunos de los ataques al sistema financiero de Latinoamérica tienen orígenes con la colación de un código malicioso en la página web de la autoridad supervisora bancaria de Polonia. También encontrados en las entidades de la Comisión Nacional Bancaria y de Valores en México, así como en un banco estatal en Uruguay, todos con miras a realizar un ataque de «watering hole» a sus visitantes.

Escoger a la entidad supervisora del Sistema Financiero de Polonia fue una jugada inteligente, ya que esta había generado mucho interés sobre el uso legal o no de las criptomonedas en el país, por lo que, bancos en todo el mundo estarían monitoreando de cerca esta situación.

El ataque de «watering hole» cautelosamente planeado no afectaba a todos sus visitantes, sino aquellos de interés que visitaban desde México, Chile, Brasil y Colombia, enfocado en bancos y en menor escala en empresas de Internet y de telecomunicaciones, participando en nueve objetivos en México y seis en Chile.

El programa malicioso utilizado en el ataque explotaba mediante *JavaScript* debilidades en Microsoft *Silverlight* y en *Flash Player* mientras los usuarios navegaban por las páginas web afectadas, procediendo posteriormente a descargar el *backdoor* almacenado en otros sitios legítimos, pero igualmente comprometidos.

Los ataques realizados por estos grupos utilizan varias técnicas para vulnerar los bancos; desde *spear phishing* hasta *watering hole*, más que aprovechando las debilidades de los servicios disponibles en Internet, donde las instituciones invierten su mayor tiempo y dinero.

Generalmente, luego de seleccionar sus víctimas, envían correos engañosos perfectamente elaborados, desde información financiera hasta ofertas laborales que requieren la visita de un enlace Web malicioso o la apertura de un documento peligroso. No es el típico phishing mal escrito con errores ortográficos, en casos recientes incluso aprovechan la plataforma de *LinkedIn* para hacer sus ataques más convincentes.

Estos enlaces maliciosos explotan debilidades *0-day* del sistema, y pasan desapercibidos por las soluciones de seguridad, con el agravante de proteger el código con herramientas comerciales disponibles como el «*Enigma Protector*».

Luego de establecerse, el programa malicioso procede a escalar privilegios hasta llegar a su objetivo final, aprovechando fallas en la segmentación de la red.

Para mantenerse sigiloso utiliza en muchos casos las mismas herramientas disponibles del sistema operativo, como *SC* y *NETSH*, y así establecer su *backdoor* en la memoria para evitar dejar rastros de archivos desconocidos en el disco duro. En caso de requerir privilegios administrativos suelen aprovechar las credenciales de los servicios existentes, y reutilizar los mismos con herramientas como *Mimikatz*.

La persistencia en la red se protege enmascarando las conexiones hacia el comando y control *(C&C)* e imitando las conexiones seguras en la web vía *TLS*, aprovechando un ataque conocido como «*Fake TLS*», lo que hace muy difícil su detección por los mecanismos de prevención de intrusos, y que, además, se comunica con múltiples *proxys* que generan una nueva conexión de *TLS* hasta llegar a su destino.

De estos ataques al sistema financiero, el más llamativo ha sido sin duda el ocurrido en 2016 realizado contra un banco en Bangladesh, con el cual lograron escapar con nada menos que alrededor de ochenta millones de dólares, un buen golpe sin duda, pero nada comparado con los cerca de mil millones de dólares que intentaron transferir.

Un golpe del cual «por suerte», no lograron extraer el resto del dinero porque una de las indicaciones en la transferencia coincidía con el nombre de una empresa petrolera que se encontraba dentro de la lista de sanciones de Irán, lo que permitió que se detuvieran treinta de las treinta y cinco transacciones para mayor escrutinio.

Un ataque muy elaborado que penetró al sistema más sensible de la institución, donde pudieron colocar un programa malicioso «*malware*», para controlar y manipular el *software* del banco de la red *SWIFT*, y de esta forma gestionar la mensajería a su deseo, así como manipular los registros de evidencia y de transferencias que eran impresos de manera constante durante todo el día.

Ha sido uno de los mayores robos financieros de la historia, con un nivel técnico impresionante.

Estos ataques no son comunes y mucho menos sencillos, requieren una preparación quirúrgica, penetrando hasta el corazón del banco y evadiendo los sistemas de seguridad hasta encontrar el momento correcto para actuar. Después se inicia una cadena de transferencias internacionales, que pueden terminar en los casinos de

Filipinas o en otros países con pobres normas de prevención de lavado de dinero, lo que permite que el rastro desaparezca. Y entonces finalizar con una cadena de destrucción de datos, algunos quirúrgicos y otros no, para eliminar todo registro relevante.

Detectar estos ataques resulta extremadamente difícil, debido al uso de varias técnicas de ofuscación, reescritura de códigos y aplicación de herramientas comerciales para protegerlos.

Las soluciones de protección nos dan un falso sentido de seguridad cuando nos enfrentamos con atacantes de este nivel. Los bancos y empresas comerciales no juegan en la misma liga que los autores de estas amenazas. El mecanismo de prevención más efectivo es dar por sentado que serás vulnerado y que debes tener listo tu plan de recuperación.

Los recursos y capacidades de estos ataques no se encuentran a la vuelta de la esquina, y sólo están al alcance de *hackers* de élite, por lo que generalmente nunca se da con los responsables, pero esto no resta nada a la euforia y motivación por descubrir las técnicas y herramientas utilizadas por los atacantes, así como poder rastrear a los responsables.

Por suerte y sin quererlo, el destino me había colocado de alguna forma en el mapa para apoyar esta cacería.

2

SILICON SONS

Como en todo incidente de alto impacto, se contrataron los servicios de empresas internacionales y se involucraron organismos de seguridad para llevar a cabo una auditoría forense.

La investigación, como en otros casos, determinó lo sofisticado y elaborado del incidente para burlar los mecanismos de seguridad y así usurpar las credenciales del sistema *SWIFT* del banco, no había sido un ataque directo a la red *SWIFT*, sino a la institución financiera y sus mecanismos de protección para usar este servicio.

Un viejo amigo llamado Robert, se encontraba justo en Chile, invitado a una conferencia de un fabricante de productos de seguridad, y lo que menos se imaginaba era que su visita se tornaría más interesante de lo provisto.

A los pocos días del incidente, un compañero profesional de la fiscalía u otra institución chilena, de la cual no me dio muchos detalles, compartió con Robert algunas impresiones generales sobre experiencias pasadas y las similitudes que pudieran ayudar a conectar los puntos con el incidente en el Banco de Chile.

—Utilizaron un programa malicioso de *0-day* para destruir las estaciones de trabajo —comentó Santiago, su amigo en Chile.

—Nunca se había usado, pero las cosas parecen indicar que es una versión modificada de ataques anteriores —continuó.

—Son unos toletes —exclamó Robert, reconociendo la calidad de los atacantes.

—Les deseo mucha suerte —dijo en tono irónico.

—Alteraron y borraron los registros de auditoría, básicamente se convirtieron en un fantasma —expresó Santiago.

—Por suerte, durante la distracción provocada hacia las computadoras para que dejaran de operar, identificaron transacciones anormales en *SWIFT* y pudieron detenerlas, lo que ayudó a que el golpe financiero no fuese mayor —indicó Santiago.

—Obtener información del código mediante ingeniería inversa es altamente complicado, utilizaron *VuProtect* para la codificación, pero hay algunas coincidencias con un módulo del programa malicioso *Buhtrap* que pudiera orientarnos —concluyó.

Robert frunce el ceño y lo mira de reojo, luego escapa una media sonrisa y responde:

—Sooooo básicamente no tienen nada. Mejor háganles un altar y su respectiva reverencia a estos hijos del silicón.

—Chuta weonn, suelta con la alabanza, que ya vale con que hayan dado este golpe. Me interesa que revises el código, extraoficialmente claro está —indicó Santiago.

—¡¡Me encantaría!! —respondió Robert entusiasmado,

—Estoy seguro de que tienes más habilidades y conocimiento que los profesionales contratados para dicha tarea. Son buenos, no me malinterpretes, pero no es lo mismo formarte en esta carrera por profesión y ganar dinero para tu sustento, que ser un autodidacta que romper las reglas para que los sistemas hagan cosas más allá de para lo que fueron diseñados. Tipos como tú juegan a ser dioses en la red —finalizó Santiago.

Robert no lo negó, pero al mismo tiempo sabía que la altura de la barra en estos ataques se encontraba muy alta, incluso para él, pero esto sólo serviría como gasolina para alimentar su deseo de poner las manos en las evidencias.

A pesar de su entusiasmo por ser parte de la historia, su cabeza dudaba y calculaba si era la jugada correcta. Hacer esto por diversión o por trabajo con riesgos manejables lo haría brincar de inmediato al acto, pero, en esta situación, se encontraba de por medio una organización que no atacaba por simples fines políticos o personales, sino una poderosa organización criminal.

No era lo mismo enfrentar *hacktivistas* que organizaciones de crimen organizado o apoyados por gobiernos, y por el nivel y lo avanzado del ataque se descartaba que fueran «lobos solitarios», competidores, y ni de broma pensar en *script kiddies*.

Robert estaba consciente de que este tipo de organizaciones no tenían límites, y las consecuencias de exponerse posiblemente no sólo las sufriría en el mundo virtual.

No es común ver ataques tan avanzados para obtener ganancias económicas, pues estas tácticas suelen ser cuidadosamente protegidas para usarse exclusivamente en actos de espionaje a empresas del gobierno o privadas, obtención de secretos militares, y en situaciones similares a una guerra fría virtual.

Esta discrepancia y situación inusual sólo alimentaba el deseo de Robert por involucrarse. Tener la oportunidad de observar de cerca sus técnicas, ver su creatividad e ingenio y poder jactarse de identificar sus tácticas y procedimientos (*TTP*), y tal vez llegar a su origen, era algo difícil de dejar a un lado para él.

Entender su mente, requiere que conozcamos un poco de su pasado.

3

FIRST JUMP

En 1999 fue el lanzamiento de *The Matrix*, y fue la primera vez que vimos una película que trataba el tema de los *hackers* con una perspectiva aterrizada. A pesar de muchos interpretar la película como pura ciencia ficción, artes marciales y entretenidos efectos especiales, trató dicho tema mejor que las tonterías de películas anteriores sobre *hackers*.

A diferencia de otras películas que muestran pantallas exageradas y mensajes que parecían portada de una revista de farándula, esta nos había dejado maravillados con la sutil presentación de la herramienta *Nmap, the*

Network Swiss Army Knife, mostrada, aunque fuera solo por un pestañar. Así como el uso de un *exploit* simulando vulnerar el protocolo de comunicación *SSH*, utilizado por Trinity para desactivar el sistema de emergencia de la red eléctrica en la película, sorprendiendo a más de uno en la comunidad. Sin que profundicemos en los conceptos de la doble vida de Mr. Anderson.

Estos detalles hablan de lo extraordinariamente preparado que se encontraba el script de la película cuando apenas nos referimos al detalle de unos segundos de esta, pero comprenderlo y disfrutarlo más allá de los efectos especiales no es algo fácil para aquellos que no comparten el mundo del silicón.

Muy pocas películas han podido hacer una interpretación real de un ataque informático, pareciera que les decían a los diseñadores que dibujaran imágenes divertidas y confusas para la gran pantalla. Nadie dijo que sería fácil, algunos tuvieron buenos intentos, como la película de *Snowden*, pero la mayoría muy malos como *Swordfish* y *Skyfall*. Pasaron quince años hasta que una serie mostrara de manera respetable cómo se ven realmente los ataques informáticos, en *Mr. Robot* con su «Fsociety».

Ese año, nuestra banda favorita *Rage Against The Machine*, lanzaba fuego con sus palabras en el concierto de *WoodStock*. Sus letras en contra de la injusticia y el sistema lograban una conexión única entre nosotros, que serviría de impulso para nuestra anarquía tecnológica.

No es coincidencia que la primera película de *The Matrix* finalizara con la canción de *Rage* llamada «*Wake Up*», y nosotros no teníamos dudas de que estábamos despiertos.

Robert y yo, por varios años, fuimos desarrollando juntos nuestras habilidades y reforzando nuestros conocimientos, tanto con grupos de *Black* como de *White Hackers*.

Lo conocí mientras violaba la seguridad de uno de los sistemas que me encontraba protegiendo, en vez de sentir ira o frustración, congeniamos de inmediato.

Fuimos juntos a la universidad para aburrirnos, pero aprovechamos nuestro amor por las computadoras para entretenernos.

Soñábamos con ir al *MIT* (*Massachusetts Institute of Technology*), Stanford, o la Universidad de Berkeley en

California; estas universidades eran muy avanzadas en temas de tecnología y estaban haciendo cosas de las que queríamos ser parte, pero nuestros recursos no nos permitieron llegar a esos niveles.

Eso no impedía que siguiéramos soñando; los talentos que exportaban estas universidades eran increíbles. Bill Joy en Berkeley, durante su posgrado, creó *BSD* (*Berkeley Software Distribution*) *Unix*. Luego fundó *Sun Microsystem*, el resto, después de miles de millones de dólares después, es historia.

Ken Thompson y Dennis Ritchie también estudiaron en Berkeley, fueron nada más y nada menos que los padres de Unix y del lenguaje C, básicamente el lenguaje que permitió los sistemas operativos que conocemos hoy en día. También estudiaron allí algunos ingenieros a los que se les acreditan grandes inventos de Xerox y que dieron vida a la tecnología que sorprendió a *Apple*, como el *mouse* y la interfaz gráfica, que esta luego copió.

El *MIT* también tenía de que jactarse, sus aulas contaron con Tim Lee, quien se llevó el mérito de ser el padre de la *World Wide Web*; William Bradford, descubridor del transistor, y Richard Stallman, fundador del movimiento *software* libre y del sistema operativo *GNU*.

¿Y Stanford?, bueno, fue uno de los cuatro nodos en el que se originó *ARPANET,* y donde se inició el diseño de Internet y el protocolo TCP/IP, y por si dar vida a lo que conocemos como Internet no es suficiente, fue donde nació el omnipresente *Google,* de un proyecto de investigación de Larry Page y Sergey Brin.

Básicamente, gran parte de la tecnología y de las empresas de mayor renombre tecnológico que conocemos, fueron impactadas de una forma u otra por personas talentosas que pasaron por estas universidades, en las que, sin lugar a duda, sus métodos y herramientas permitieron aumentar exponencialmente las capacidades de sus alumnos.

Odiábamos la universidad, pero en estas, definitivamente, hubiéramos querido estudiar.

Bueno, realmente no odiábamos la universidad, sino el sistema educativo anticuado de la era industrial que se imponía a los alumnos en la mayor parte del mundo.

Robert era un personaje súper interesante y posiblemente un genio. Nos divertíamos de manera distinta, en vez de tener una tarde de videojuegos, escuchábamos las conversaciones telefónicas de todo aquel que tuviera la suerte de realizar una llamada cerca de las celdas de radio de la red celular de nuestra localidad, utilizando un código de acceso en los Motorola *StarTac*.

Realizarlo era extremadamente sencillo siempre y cuando supieras el código y la secuencia de caracteres que debías ejecutar, pero esa información no estaba disponible para todo el mundo, por eso nos jactábamos diciendo una frase muy utilizada por todos los que compartían nuestro interés: «*Knowledge is power*».

Entrar y salir de sistemas de terceros era visto como un reto y una competencia sana, y tener en tu poder unos cuantos servidores remotos alrededor del mundo con *backdoors* modificados para usarlos como tus *hop points* o *proxys* personales, se convertían en conversaciones de horas sin fin.

Robert a veces iba un poco más allá, nunca hacíamos nada para obtener ganancias, pero él no tenía problemas en cambiarse las notas de las clases, por ejemplo. Al final, supongo que era una forma más eficiente para él, en vez de lidiar con profesores sabelotodo y sus clases superaburridas donde difícilmente él podría aprender algo. Era tan autodidacta y confrontador que, en una ocasión, se había leído la Biblia completa en un fin de semana sólo por discutir un argumento con el padre de una iglesia.

Pero mayormente utilizaba sus conocimientos para beneficios banales. No olvido su versión personal de Mario Bros, en la que había modificado el hongo del videojuego para aumentar de tamaño por un porro de cannabis, y al obtenerlo, además de aumentar de altura, le crecía un cabello afro al mejor estilo de Jimi Hendrix o Michael Jackson en sus inicios.

Podía hacer estos cambios en cuestión de minutos, abría su editor de códigos favoritos, cargaba el archivo binario, identificaba el valor de interés y lo reemplazaba en un dos por tres. Y era capaz de hacer esto mientras mantenía una conversación y escuchaba música a todo volumen, como si sus dedos trabajaran de manera independiente a su cerebro sin sufrir interferencia por factores externos.

Su sed de conocimiento, así como su soberbia eran inseparables, sus ocurrencias no dejaban de sorprenderme.

En otra ocasión, en la madrugada de un año nuevo, pasé a felicitarlo y lo encontré pegado a la computadora programando, en una habitación tan desordenada que apenas se veía el piso. No tenía idea de la hora, él no perdía tiempo en celebraciones, sus prioridades definitivamente eran otras.

Esta dedicación obsesiva, amor y pasión por las computadoras y la tecnología, es lo que diferencia a estos individuos del resto, y la razón por la cual es casi imposible que profesionales que hayan cursado en las mejores universidades y obtenido cualquier tipo de diploma, o el máximo grado de titulación, puedan estar a la altura de estos individuos.

Esa dedicación tampoco era saludable, a menos que sea el objetivo de tu vida. Nuestra obsesión no dejaba espacio para socializar, así que aprender a bailar, salir de fiesta, tomar alcohol sin razón ni control como muchos jóvenes, o disfrutar de algún deporte, eran cosas muy extrañas para nuestras mentes, por lo que nos tildaban de antisociales o *nerds*.

Pero tampoco se trataba de la escena de una película en la que permanecíamos encerrados en un sótano sin ver el sol, teníamos nuestros amigos que no compartían nuestra pasión, los cuales ayudaban a mantener el equilibrio necesario en nuestras vidas y cumplir con las tonterías clásicas de la juventud.

Con ellos podíamos conversar de temas varios, más de la mitad de las veces sentíamos que era una pérdida de tiempo, pero poco a poco empezamos a valorar el comportarnos simplemente como chicos, hacer bromas de mal gusto, tomar alcohol hasta hacer el ridículo, y en cierta forma empezamos a disfrutarlo.

No fue tan simple la interacción con nuevas personas, preferíamos analizarlas y estudiarlas, como un Freud con vista láser. Difícilmente escuchábamos a alguien decir algo que nos generara interés para entablar una conversación, por lo que no nos iba muy bien con las conversaciones triviales.

Nuestro andar tecnológico tampoco fue un mar de rosas, nos quemaron una gran cantidad de módems mientras confrontábamos a aquellos con mayor conocimiento, y pasar días configurando uno nuevo no era tan divertido. El «plug and play» no era muy amigo de Linux en esos tiempos.

Mientras las personas se hacían tatuajes tribales en su piel, nosotros nos tatuábamos a *Tux*, el pingüino de *Linux*, en honor al amor por nuestro sistema operativo favorito de todo el planeta. Las miradas extrañas no pasaban desapercibidas en la playa al ver un pingüino con media sonrisa tatuado en nuestro cuerpo, algunas veces hasta había que disuadir a algún borracho haciéndole cualquier gesto para indicarle que éramos heterosexuales.

Las vivencias, mientras más desafiantes fueran, más provocaban algo en nosotros, nos avivaban el fuego del deseo por superarnos y nos llevaban a devorar miles de páginas en pocos días.

En las ocurrencias con las que podía salir Robert no había maldad, era sólo un apetito incontrolable por obtener conocimiento. No actuaba como un *cracker*, burlando la seguridad de los sistemas y haciendo vandalismos contra empresas o *websites en busca de reconocimiento*, su estilo, era más bien como un ninja saciando su sed de conocimiento.

Robert sudaba el manifiesto del *hacker*: «*Este es nuestro mundo ahora, el mundo del electrón y del switch...mi crimen es la curiosidad...y ser más inteligente que tú...*»

Santiago, su amigo chileno, conocía el *background* de Robert y por eso tenía la confianza de que él podía ayudarlo más que cualquier otra persona que conociera, y por eso le confió una copia de uno de los discos duros afectados en el ataque al Banco de Chile.

Emocionado por la tarea, Robert se dedicó día y noche a investigar, su cara reflejada en la pantalla revelaba lo intenso de su mirada y de su concentración, sus dedos dando órdenes e instrucciones ágilmente como si tuvieran vida propia. Apenas se alimentaba bien, y con frecuencia olvidaba bañarse, podía utilizar la misma ropa por varios días sin darle ninguna importancia, a veces dormía sólo dos horas y llegó hasta colocar una bacinilla debajo del escritorio para no perder tiempo visitando el baño.

Ese es el tipo de obsesión que no encontrarás en un profesional que hace el trabajo por un sueldo. Tampoco es que sea saludable, pero quien por su gusto muere....

Después de un intenso maratón no había logrado descubrir nada adicional a lo que ya había reportado el grupo de investigación, había llegado a la misma conclusión, solo qué en menos tiempo. Tuvo que darle la mala noticia a Santiago.

Aun así, su cacería estaba lejos de terminar.

4

STAY FOOLISH

Cerca del año 2000 conocimos a Khalil, un iniciado con muchos deseos de seguir aprendiendo, pero a nuestro entender, le esperaba un largo camino por recorrer para que pudiéramos prestarle atención. Pero sus actitudes nos convencieron para abrirle la puerta a nuestro grupo.

Nos tocó trabajar juntos, así que la interacción sirvió para nutrirnos entre todos, y él particularmente, adquiría conocimientos a una velocidad sorprendente.

Khalil era otro *nerd*, aún más reservado y demasiado religioso para nuestro gusto. Progresivamente, fue conociendo muchos de nuestros secretos y se volvió uno más de nosotros, pero sin los lazos de hermandad entre Robert y yo.

Era la misma época de *Back Orifice* 2000, «*BO2K*», desarrollado por *Cult of Death Cow* como una herramienta administrativa, que luego fue aprovechada para realizar travesuras en las computadoras de terceros. Permitía controlar casi completamente a la víctima a través de una interfaz gráfica «agradable», en el sentido que era sencilla y fácil de realizar, ya que las interfaces en esa época eran realmente horribles.

Era un gran hito el proveer estas capacidades casi de «dioses» de la red, mayormente experimentado por aquellos amantes de las consolas de *Linux* y su hermosa interfaz *SHELL,* al ofrecer, aunque temporalmente, un poder similar en la muy distinta interfaz de *Windows*. La burla entre los usuarios de *Linux* contra los «*Windoseros*» que querían ser hackers era constante.

Dicho programa, *BO2K,* permitió que muchos *scripts kiddies* sin conocimientos informáticos, pudieran divertirse realizando las travesuras que veían en películas, como abrir o cerrar programas, controlar el teclado y el ratón, o espiar la actividad del usuario en la computadora.

Khalil era uno de los que se divertía con *BO2K* y lo veíamos como un poder en manos de un indigno.

No hubiera caído tan mal si al menos ejecutaran una versión *Light* de *Linux* sobre *Windows*, o hubieran configurado un *dual-boot*. Hubiera ayudado hasta las versiones fresas de *Ubuntu* y *Suse Linux*, que en esa época eran como los menores de la casa. No se trataba tampoco de que estuviéramos esperando que ejecutaran una distro de *Red Hat* completa.

Pero no dejaba un buen sabor en la boca el ver la facilidad con la que cualquier individuo, con tan sólo saber mover el ratón, pudiera estar haciéndose creer como el cómo el *hacker* más *badass* que jamás hubiera existido.

Un año después ya no podíamos decir lo mismo de Khalil, en esa época sus avances ponían en duda el nivel en el que me encontraba.

No le decíamos *hacker* a cualquiera, sobre todo porque respetábamos el origen de la palabra; el ingenio, la habilidad, la creación y el aporte de estos individuos a la comunidad informática. Individuos con una visión para construir su propio mundo, y de todo aquel que quiera participar.

Pero luego los noticieros empezaron a llamar *hackers* a los vándalos informáticos, cuando realmente querían decir *crackers*, y bueno, como dicen, el resto es historia. No es fácil competir cuando luchas contra el «cuarto estado» en una pelea sin sentido.

Para ese tiempo, Khalil encontraba debilidades *0-Day* en los sistemas operativos y programaba su propio *exploit* sin mucha molestia, por lo que era obvio el avance que había logrado.

Khalil también había intensificado sus críticas al sistema político, y su tono era más anarquista que nunca, y no mostraba intención de quedarse de brazos cruzados.

Robert y yo no reprochábamos la idea, pero no éramos vándalos, así que no echábamos leña a ese fuego, de ese modo creíamos que era suficiente disuasión para desmotivarlo de tomar acciones radicales sin que estuviéramos todos en la misma página.

O eso pensábamos, hasta que un tiempo después, de camino al trabajo como cualquier otro día, ocurrió algo particular.

Sentí en el aire de ese lunes una tranquilidad extraña, distinta al tránsito caótico de mi ciudad.

Al llegar a la oficina, la tranquilidad pasó a sentirse tensa, definitivamente no era un lunes normal.

Los empleados estaban secreteando, teorizando, hasta que finalmente me enteré.

—Viste que loco el mensaje, está en todas las noticias, incluso internacionales —comentó Raúl.

—¿De qué hablas? —Le pregunté.

—¡¡¿Qué?!!, ¿no lo has visto?, ven, camina —respondió de manera acelerada.

Fue entonces cuando entendí la novedad del día, la razón de aquel ambiente tan particular.

Se había realizado un *defacement* en distintos medios noticiosos y otras empresas importantes, incluyendo el sitio informativo del sistema electoral.

Ya a esa hora la mayoría del país sabía del ataque y los mensajes transmitidos por sus autores.

Generó mucho interés el mensaje en contra del sistema judicial y político. Algo que muchos hubieran querido gritar a todo pulmón.

Casi podías visualizar la ira y la furia en la cara de quien había escrito el mensaje, era impotente.

El mismo concluyendo en un tono burlesco, arrogante y cínico, parafraseando el manifiesto del *hacker* y la superioridad de quienes llevaron a cabo el ataque.

Casi me esperaba esas citas, pero la última oración me había dejado frío: «*I am nothing, no one, nobody*».

5

CHOICE IS AN ILLUSION

E sa pequeña frase que expresaba desidentificación, queriendo aparentar esconderse en el anonimato, como la máscara de Guy Fawkes inmortalizado en la película *V for Vendetta*, nos decía a Robert y a mí otra cosa.

Esa frase no formaba parte del manifiesto, pero si de una canción de *Rage Against The Machine* llamada «María», esa expresión en particular se trataba de la «voz de los no escuchados», sobre los inmigrantes ilegales que van a América buscando una mejor vida, que tienen que aguantar los peores atropellos posibles en los trabajos que consiguen por sus condiciones irregulares.

«María» no representaba nuestra canción favorita, no competía con la fuerza, intensidad y la letra de «*Killing in the name*», que toca el tema del racismo y la brutalidad policial, realmente nos impactaba, una canción de 1992 que sigue estando vigente décadas después; o el mensaje plasmado en la canción «*Know your enemy*» que escupía fuego en contra de la guerra, y del abuso e hipocresía de las autoridades.

No obstante, «María» tenía esa frase particular que solíamos utilizar cuando lográbamos nuestros objetivos, apoyados por el anonimato y la carencia de promociones propagandistas. Había cierto sentido de grandeza detrás de su uso, no era una muestra de humildad la falta de identificación, y simplemente no podíamos creer que hubiera tanta coincidencia, por lo que nos llevó a pensar en Khalil.

Cuestionamos a Khalil sin lograr que admitiera el *defaced*, pasamos horas con una actitud relajada y luego agresiva, peleamos y reímos, pero nunca admitió haberlo hecho. Pero esta coincidencia y su creciente tono anarquista no nos ayudaba a creerle una palabra.

En los días siguientes no pudimos continuar nuestra atención sobre este asunto, porque el mismo frío que había sentido al leer la frase final del *defacement* lo debió haber sentido Robert, cuando en la computadora en la que realizaba la auditoría forense para su amigo Santiago sobre el ataque al banco de chile vio como la pantalla se tornó negra, con el siguiente mensaje: «*Non-system disk or disk error*», sin necesidad de leer el resto dijo «*replace and strike any key when ready*».

—¡*Fuck*! —fue su primera palabra—. ¿Qué carajos pasó aquí? —continuó.

No había que ser un genio para entender que estaba viviendo en carne propia, a escala personal, uno de los efectos de lo que había pasado en el Banco de Chile. El *MBRkiller* estaba de regreso.

Estaba enojado y confundido, «¿cómo diablos pudo pasar sin disparar ninguna alarma?», pensaba.

No menospreciaba la seguridad del banco, estos tienen que lidiar con muchos servicios de red e interconexiones entre equipos que dificultan las labores de protección, el equilibrio entre no obstruir con los controles de seguridad y ser un habilitador del negocio es una lucha constante que suele dejar sin cabello a muchos profesionales de seguridad, los famosos e incomprendidos jefes de ciberseguridad o *CISOs*.

Pero en el caso de Robert, él no brindaba ningún servicio, y sus computadoras y red estaban preparadas para rechazar cualquier ataque, o al menos eso pensaba.

La diferencia más relevante de su auditoría, versus la realizada por las empresas contratadas para el análisis forense, era que la de Robert estaba conectada a Internet, ya que no tenía necesidad de seguir el protocolo estricto del proceso.

Ahora, esta pequeña ayuda hacia el amigo chileno se había vuelto algo personal.

Ya no sería un análisis pasivo, sería más bien como la obsesión de Gary Mckinnon hackeando cientos de servidores militares de los Estados Unidos sólo para saber si escondían información de objetos voladores no identificados (*UFO*).

El enojo de Robert estaba más relacionado al daño que le habían ocasionado a su ego que aquellos materiales. En la computadora afectada no guardaba nada importante y repararla era cuestión de poco esfuerzo, no obstante, eso no implicaba que descuidara las medidas de seguridad, tenía que tomar en cuenta que esa computadora pudiera servir de puente de infección o de ataque para el resto de sus equipos.

Pasó días repasando en su cabeza todo lo que había realizado y lo que había analizado en el sistema operativo clonado; memoria, datos temporales, valores *hash*, archivos codificados, etc.

Analizó el *MBRkiller.nsi* y el código del programa malicioso *Buhtrap* donde se había identificado una similitud previamente, con miras a identificar referencias o indicaciones que le pudiera ser útiles, igualmente exploró el código de *VMprotect* para identificar debilidades en el mismo que pudieran permitirle descifrar parte del código protegido. Por momento pensó en volver a explorar la parte cifrada, pero esta vez decidió cambiar la forma de ver el problema buscando una nueva perspectiva.

Paranoico como era, Robert no sólo contaba con sistemas de prevención de intrusos (IPS), *firewalls* y sistemas de monitoreo de integridad de archivos, sino que también contaba con un sistema de manejo de eventos capaz de reconstruir toda la actividad de la red, ya que capturaba y almacenaba todo lo que entraba y salía. Era como repetir la escena de una película hasta entenderla.

Fue con este último que decidió revisar el tráfico de red momentos antes del incidente. Una vista rápida no le trajo mucha información interesante, tráfico esperado del *OS* y ninguna conexión por un protocolo desconocido. Mayormente era tráfico *HTTP* y *HTTPS* de su navegación web.

Algo no le cuadraba, «el tráfico irregular debería estar ofuscado en estos protocolos», pensó.

En los días siguientes, casi sin cerrar los ojos, se sentó a analizar los miles de registros producidos durante las horas previas al ataque, sin tener la certeza de qué parámetro estaba buscando. Su ego no le permitía dormir.

Agotado, cansando y molesto decidió involucrarme en su odisea.

—Ven a mi casa, tengo algo importante que contarte —indicó Robert.

Ni le pregunté de qué se trataba, si venía de Robert seguro era algo interesante, así que corrí a su casa.

—¿A ver, a quién le has partido la madre hoy? —pregunté.

—¡Pues parece que me la han partido a mí! —exclamó Robert envuelto en risas.

Luego empezó a contarme todo en detalle.

Robert era más técnico que yo, por lo que trabajando en conjunto lo que podía ofrecerle era otra estrategia o punto de vista. Viendo el proceso de manera no viciada podía cuestionar todo como si se tratase de una hoja en blanco, y ofrecerle opciones que quizá por su obsesión no había visto.

Pasé horas junto a él revisando los *logs* que me mostraba con sus avances o la falta de estos, era muy difícil buscar una anomalía en un tráfico que aparentaba ser normal, los *hackers* se han vuelto muy buenos en el arte del engaño.

Procedimos a cambiar el enfoque y, en vez de revisar el tráfico de comunicación de manera generalizada, empezamos aplicar filtros para eliminar lo que entendíamos que podía descartarse, este plan tenía sus desventajas, ya que si el programa malicioso había suplantado algún archivo que interpretamos como seguro lo estaríamos excluyendo del análisis, pero decidimos intentarlo.

Luego de filtrar el tipo de comunicación de cientos de registros, se redujeron los resultados a unas decenas de líneas relacionadas a *Twitter*.

No parecía nada interesante, hasta que le pregunté:

—¿Realizaste un posteo o descarga de imagen durante el análisis forense? —pregunté.

—No que recuerde. —respondió.

Recuerde o no una imagen había sido descargada vía Twitter. Al principio pensábamos que era un simple archivo gráfico que aprovechaba el uso de estenografía para ocultar información.

Pero el análisis a profundidad nos ayudó a entender que se trataba realmente de un *Polyglot*, que permitió disfrazar un archivo comprimido dentro de una imagen, y junto con la codificación del código hacía extremadamente difícil su detección.

—Son buenos...—exclamé

—Unos buenos hijos de la chingada —respondió Robert.

Mientras íbamos analizando la trama de comunicación, identificamos que habían utilizado *Twitter* como su fuente de comando y control, obtenían sus indicaciones a través de lecturas de *post* y *hashtag* particulares para descodificar el archivo malicioso, impidiendo así que pudiera ser detectado por las herramientas de seguridad. Y posteriormente, de la misma forma obtener la indicación de matar el sistema de arranque de la computadora. Básicamente, habían ejecutado una variante de *Hammer-Toss* para correr el *MBRkiller*.

Cuando obtuvimos la dirección *IP* desde donde se había conectado el programa malicioso, gritamos de emoción.

Estábamos llenos de euforia pues habíamos identificado una parte importante del ataque, pero por otro lado sabíamos que, a pesar de nuestro entusiasmo, los *hackers* con capacidad de realizar ataques de este nivel no vivían regalando sus direcciones *IP* finales simplemente porque habíamos logrado entender cómo funciona uno de sus juguetitos.

Lo que nos esperaba ahora no sería nada comparado con lo que habíamos vivido en el pasado.

6

WHAT IS CONTROL?

El mundo ya ha visto los efectos de los ataques cibernéticos apoyados por gobiernos. En 2007 prácticamente apagaron a Estonia, uno de los países más conectados del mundo.

Llamada «*The Silicon Valley of the Baltic*», en ese año ya contaba con una penetración móvil de un 107% y con un 81% de las casas conectadas a Internet.

Con su cultura tecnológica «e-Estonia» construye caminos para la innovación y el aprovechamiento de las tecnologías para el uso diario de su población. En esa época, más del 70% de las personas utilizaban los servicios bancarios y el 97% de las transacciones se realizaban por Internet. En un país con 1,3 millones de habitantes, 1,1 millones poseían cuentas de banca por Internet. Es un número impresionante bajo cualquier escenario.

Para comprender mejor el contexto se puede poner como referencia que, más de una década después, países del primer mundo todavía se encuentran luchando para alcanzar estas cifras.

En el 2002 emitieron sus primeros «*ID Card*» utilizando firmas digitales para sus ciudadanos, y ya en el 2006 habían emitido más de un millón. Esta tarjeta de identificación es usada para todo, desde el transporte, hasta declaración de impuestos vía Internet.

Fue el primer país en celebrar una votación electrónica durante las elecciones nacionales de 2005, ¡usando la computadora!

El mismo que dio vida a *Skype* antes que la comprara *eBay* por 2,6 mil millones de dólares en 2005, de la mano de los mismos desarrolladores de *Kazaa*, nuestro *Spotify* de aquella época.

Esta pequeña nación, altamente conectada y tecnológica, sufrió un ataque masivo de negación de servicio *(DDoS)* a su infraestructura tecnológica durante tres semanas, reduciendo la capacidad del gobierno y el diario vivir de sus ciudadanos de una manera sin precedentes.

En una nación tan dependiente del Internet, no contar con este para prestar servicios a sus ciudadanos era una catástrofe.

Casi todos los ministerios del gobierno fueron atacados, las instituciones dependientes de la presidencia, los medios de comunicación, empresas telefónicas, bancos, así como todo servicio que los atacantes consideraron relevantes.

Se estima que más de un millón de computadoras fueron secuestradas y convertidas en zombis para crear una inmensa *botnet* usada en este ataque, casi el equivalente de uno por cada habitante. El ataque de negación de servicio distribuido *(DDoS)* inundó los servidores de Estonia hasta ahogarlos.

No fue hasta que se involucró un seleccionado grupo de individuos, incluyendo uno muy particular, Kurtis

Lindqvist, responsable de administrar uno de los trece servidores *DNS* (*Domain Name Servers*) *Root* de Internet, que la suerte de toda Estonia empezó a cambiar. Cuando ya el tráfico de Internet de toda la nación estaba a punto de colapsar, Kurtis se encontraba de paseo en el país, y comenzó un plan de acción que permitió contener y acabar gradualmente con el ataque, gracias a su privilegiado acceso y conocimientos.

Este ataque en particular fue atribuido a Rusia, debido a que coincidió con las acciones que Estonia había tomado con respecto al movimiento de un monumento a los caídos de la Segunda Guerra Mundial que no agradó a estos.

Mientras evaluábamos el nivel de sofisticación de las técnicas usadas en el ataque sufrido en la computadora de Robert, no tardamos en relacionarlos con las capacidades del ataque a Estonia, aunque la técnica no haya sido la misma.

—¿Habremos movido algún monumento sagrado? —preguntó Robert.

—No estoy seguro, pero todo apunta a que nos hemos topado con un *Nation-State hackers* —respondí. Robert puso cara como si acabara de oler excremento de vaca.

—¿Te parece? No tiene sentido. Sólo atacan gobiernos o industrias con información sensitiva que les pueda ser útil, o colocan *backdoors* en infraestructura crítica para cuando la guerra llame. ¿Por qué razón se expondrían atacando bancos? No necesitan el dinero. No tiene sentido —contestó Robert.

—No lo sé, pero ¿quién diablos tiene este poder de ataque, planificación y paciencia? —respondí.

Robert miró a un lado y a otro, bajo la cabeza y se sumergió en sus pensamientos sin responder la pregunta.

Luego de un tiempo dijo:

—Insisto, sería muy anormal, ¿por qué lo harían? ¿Rusia?, ¿China?, ¿Irán?, ¿Estados Unidos?, mira la operación de los chinos con *Shady Rat*, que espió por lo menos durante cinco años a más de setenta compañías en todo el mundo. Si fuera por ellos pasarían desapercibidos durante cien años. Estar exponiendo sus técnicas y *exploits* de vulnerabilidades que la industria no conoce no es una decisión inteligente, no es que tampoco tengan un almacén infinito de exploits *0-days*. —concluyó Robert.

Robert se estaba refiriendo a una de las mayores intrusiones jamás realizadas, que abarcó desde el Gobierno Federal de Estados Unidos, Canadá, Vietnam, Japón, Suiza, entre otros. Empresas de energía, informática, satelitales, seguridad militar, políticas, economía, en fin, a todos, incluyendo gigantes tecnológicos con medidas de seguridad envidiables como *Google*.

Fue considerada una de las mayores transferencias de riqueza de la historia que pasó por debajo de las narices de todos, afectando principalmente a Estados Unidos, aunque tuvo un impacto mundial. Robaron secretos nacionales y datos clasificados del gobierno, códigos fuentes y propiedad intelectual de las empresas, planes de negocios, en fin, lo que imaginemos y tal vez aquello que no. Algunos dicen que parte de los adelantos tecnológicos de China fueron posteriores a este «*shortcut*» que tomaron.

—No lo sé —volví a responder.

—Pero tampoco sé de bandas criminales con estos niveles, quizá algunos *hacktivistas* mostrarían la mitad de este esfuerzo, pero tampoco cuadra —concluí.

La razón por la que un *Nation-State hackers* se decidiera a atacar un banco nos desconcertaba, pero no lo descartábamos hasta identificar entonces a una nueva banda poderosa y peligrosa de criminales.

Los *Nation-State hackers* no juegan en una liga diferente a los *hackers* comunes, realmente juegan en otra galaxia, como podemos ver en los ataques sufridos por algunos países. Ya que mientras Estonia había sido apagada digitalmente, Ucrania fue literalmente apagada con un ataque a su red energética.

Ese fue su regalo de festejo adelantado, el 23 de diciembre de 2015, algunas ciudades en Ucrania conocieron a la familia del programa malicioso *BlackEnergy*, cientos de miles de ucranianos vivieron la oscuridad por primera vez. Un programa malicioso había penetrado la red del sistema industrial que permitía controlar los interruptores de energía eléctrica, y desde allí enviar manualmente las indicaciones para cortar la energía e interrumpir el servicio por varias horas.

De manera interesante, en una de las estaciones eléctricas, el modus operandi fue muy diferente y hasta graciosamente maquiavélico; utilizando *Radmin*, la herramienta de soporte técnico de la compañía energética, bloquearon las acciones del teclado y mouse de los operadores, de forma que los atacantes pasaron a tener control de estos y así apagar los interruptores de cada estación que controlaban la energía de la ciudad.

Los operadores, atónitos, veían cómo el mouse se manejaba por sí solo y procedía uno a uno apagando cada interruptor. Posteriormente, sin que fuera visible, se encargaron de destruir los sistemas de respaldo y corromper las computadoras para obstaculizar la respuesta de emergencia. Y para completar el caos, atacaron la central telefónica con un bombardeo de llamadas para impedir una comunicación efectiva durante el evento.

El equipo técnico de la compañía eléctrica tuvo que transferir las subestaciones del modo automático al manual, y de esta forma cerrar los interruptores del sistema energético. La restauración de todos los servicios tomó entre tres y seis horas.

Ni que lo hubiéramos visto en una película mal escrita y dirigida, pero a veces la realidad supera la ficción. En 2016, alrededor de la misma fecha, ocurrió otro ataque, otro apagón, pero en la capital de Kiev. Esta vez no atacaron las estaciones de distribución, sino una estación de transmisión principal de 200 megavatios (MW), muy superior a todos los ataques de estaciones del año 2015.

El sistema estuvo interrumpido por una hora, afectando al menos una quinta parte de la ciudad, tiempo suficiente para que las tuberías empezaran a congelarse y la situación pasara de ser algo incomodo a ser una condición de vida o muerte.

Esta nueva versión mejorada del programa malicioso era capaz de atacar y controlar los dispositivos *Siemens* en las estaciones de energía, y fue creada de tal forma que podía reutilizarse en otros países. Sería el segundo programa malicioso conocido que podía pasar del mundo digital al mundo físico, los especialistas lo apodaron cariñosamente «*Industroyer*».

Esta capacidad de reutilización y exportación se descubrió en el año 2014, en el departamento de *Homeland Security* de los Estados Unidos, estos habían identificado versiones anteriores del *malware* en su infraestructura crítica desde el 2011. Desde sistemas de control de petróleo y gas, así como de energía eléctrica y distribución de agua, incluyendo turbinas de viento e incluso plantas nucleares. Un poderoso *as* bajo la manga en caso de guerra.

Si había duda del poder de un ataque cibernético, estas muestras terminaron de aclararlo, y pusieron a las grandes potencias en alerta.

Esta es la nueva política del orden mundial, las nuevas armas nucleares.

En estos ataques a la red eléctrica de Ucrania, planificados alrededor de un año antes, utilizaron tácticas de *spear phishing* cuidadosamente diseñadas. Los primeros correos ni siquiera contenían programas maliciosos, pero sí referencias a archivos de imágenes *PNG* dentro de un *HTML*, siendo cada imagen personalizada para cada víctima, y de esta forma medir las acciones que tomaban los empleados.

¿Abrían sólo el correo o cargaban el mensaje completo con sus imágenes?, era una estrategia de reconocimiento de la víctima muy cuidadosa, y no el típico caso de atacantes comunes que suelen atacar aprovechando oportunidades del momento.

Luego de entender el comportamiento de lectura del correo de los empleados, en los meses posteriores pasaron a la segunda fase del plan, enviando nuevos ataques de *spear phishing, esta vez* enfocados y centrados en entregar el programa malicioso, un simple archivo de *Office*; ya sea en *Word, PowerPoint* o *Excel*, conteniendo un exploit *0-day* con las indicaciones maliciosas dentro de un código macro, convirtiendo así un archivo común del día a día en la fuente de infección.

Luego de explotar exitosamente la primera computadora, continuaron la fase de reconocimiento, obteniendo información del sistema y los perímetros de red; número de versión de los programas, privilegios actuales, procesos, etc., aprovechando en muchos casos las mismas herramientas del sistema operativo usadas para tareas de soporte o administrativas.

A través del robo de contraseña y captura de datos, lograron hacerse de las credenciales de los sistemas, navegadores, correos, etc, y de ahí empezaron a moverse a otras computadoras hasta obtener credenciales administrativas sobre la red, y con estas preparar el *jaque mate*.

Las empresas gastan sumas cuantiosas de dinero para protegerse de las amenazas de ciberseguridad, muchas veces creando obstrucción y fricción a los servicios ofrecidos y a las innovaciones tecnológicas, para que al final las amenazas que mayormente se materializan son aquellas donde se explota el eslabón más débil de la cadena; el factor humano.

En el ataque realizado a Ucrania, por las tácticas y técnicas utilizadas resulta muy difícil técnicamente poder identificar el origen de los ataques.

En nuestro caso, cuando obtuvimos la dirección *IP* del ataque a la computadora de Robert, la zona geográfica del mismo nos generaba cierta preocupación, así que iniciamos nuestra exploración del objetivo lo más sigilosamente posible; por alguna razón nos recordaba los sucesos de Estonia y Ucrania.

No nos costó mucho encontrar debilidades en el servidor *Web* de dicha dirección *IP* y poder ingresar al equipo, lo que descartaba que fuera una computadora importante de los atacantes, y que simplemente era un peón más en la cadena.

Detectar el *rootkit* instalado en el equipo para asegurar los accesos no autorizados de manera remota nos tomó un poco más de tiempo, los *logs* eliminaban quirúrgicamente el registro y la actividad de su dueño. Así que montamos nuestro propio sistema de monitoreo a nivel del *kernel* para que no fuera engañado por el *backdoor* previamente instalado.

Luego de varios días encontramos que el *backdoor* recibía conexiones desde la República Checa y desde China, pero lo que nos llamó la atención fueron unas pocas realizadas desde Rusia con unos *TTL's* relativamente altos.

Continuamos nuestra exploración a la nueva dirección IP, aún con más cuidado, sin esperanza de que fueran las direcciones de red de los protagonistas, aunque presentíamos que estábamos muy cerca.

Y nos llegó la confirmación.

7

FEELING THE ENEMY

Un ataque masivo de *DDoS* se había iniciado hacia nuestra red, las computadoras simplemente habían muerto, no respondían a nada.

Las medidas de protección eran inútiles, al final esto era competencia de hierros, o, mejor dicho, la falta de estos. No teníamos la capacidad para manejar ese ancho de banda, no había forma de competir.

El ataque no se limitó a unos minutos u horas, sino a días, y como era de esperarse, no sólo nos afectó a nosotros, sino a todos los suertudos que compartían nuestro bloque de red, no supimos cuántos miles de inocentes fueron «agraciados» también.

El proveedor de Internet trabajaba como loco por solventar la situación, pero es difícil cuando el enemigo tiene mil cabezas. Nosotros optamos por adquirir el servicio de otro proveedor, pues en nuestra lista de prioridades, primero *wifi*, y después comida, de acuerdo con la nueva pirámide de *Maslow*.

El ataque fue la confirmación final que estábamos en guerra, y parece que no habíamos respetado el nivel del contrincante, a partir de ahora nada sería muy paranoico. Ejecutaríamos desde un *live USB* usando el ultra confidencial sistema operativo *Tails*, basado en el famoso *Debian*, construido específicamente para la privacidad y seguridad. Usando por defecto *TOR* para toda la comunicación entrante y saliente, no sólo para la *Web*; además bloqueando toda comunicación no segura, y usando *LUKS* para la codificación del *USB*, mientras operaba totalmente en memoria sin dejar ningún rastro en el equipo. Es el mismo sistema que recomienda Edward Snowden, famoso por publicar documentos clasificados de la NSA, incluyendo sus programas de vigilancia por Internet, *PRISM* y *XKeyscore.*

Teníamos que sacrificar nuestra comodidad para avanzar en esta guerra, usando uno de los sistemas operativos más seguros del mundo, no pensado para ser tu herramienta de operación diaria, dado que no almacena ningún tipo de información, y aquella que usa en memoria simplemente se elimina.

Utilizaríamos múltiples *hop points* en distintos países para proteger aún más nuestras direcciones IP, pero también lo haríamos desde redes públicas vía *VPN (Virtual Private Network)*, en centros comerciales o cafés, para que fuera virtualmente imposible rastrearnos luego de cada conexión. A lo anterior agregaríamos un par de cucharadas de paciencia, o, mejor dicho, toneladas, porque todo esto impactaría en la velocidad para hacer nuestras tareas, y no éramos famosos por ser pacientes.

Ahora que estábamos en guerra abierta no sólo reforzamos la defensa, sino que procedimos igualmente a reforzar la ofensiva.

Así que fuimos de paseo a contactar a nuestros viejos amigos en sus foros favoritos en la *DarkWeb*.

No tomó mucho tiempo encontrarlos, en pocos días ya habíamos dado con la mayoría. Algunos de ellos eran exmiembros de *LoU (Legion of Underground)*, con los cuales personalmente tenía cierta afinidad, parte de mi aprendizaje había sido con estos mientras pulía mis habilidades, nunca dejé de verlos como superhéroes.

LoU tenía la reputación de luchar por causas justas, en el 1987 le declararon una ciberguerra a China, y, aunque no toda la comunidad estaba de su lado, este tipo de acciones no era nada nuevo para ellos.

Otros conocidos y relacionados fueron también miembros del *Chaos Computer Club*, *Cult of the Death Cow* y *L0pht*, este último creó una de las mejores herramientas para romper contraseñas que haya existido en su época; *L0phtcrack*, con esta y *John the Ripper* yo era feliz.

Algunos de estos amigos tenían contacto con grupos más «activistas» y sin miedo a la confrontación, como *LulzSec* o *Anonymous*, pero estos siempre eran un misterio y sólo se mencionaron para dar a entender que necesitábamos ayuda de cualquier tipo, y si alguien deseaba participar, pues eran bienvenidos.

Reunirnos con estos individuos nos trajo muchos recuerdos, leer con ansiedad las *e-zine* creadas por hackers para hackers, *Phrack* y *2600*, sin olvidar la discusión obligatoria de los *Rainbow Series books*, publicados por el Departamento de Defensa de Estados Unidos *(DoD)*.

Algunos se habían conocido personalmente en *DEFCON*, la conferencia anual más grande de *hackers*. Y no tenía dudas de que uno u otro había participado en la «Operación Payback» en 2010, en defensa de *WikiLeaks* con la misión «*Avenge Assange*», haciendo uno de los ataques de *DDoS* más polémicos que se haya visto en la historia, sacando bancos y compañías de tarjetas de crédito de servicio, fue simplemente brutal.

WikiLeaks guardó su nombre en la historia al publicar documentos diplomáticos de los Estados Unidos con un efecto dominó en todo el mundo. Iniciaron con filtraciones de videos en zonas de guerra de la armada estadounidense disparando a personas indefensas, incluyendo

ORLANDO DÍAZ

civiles, así como documentos que revelaban el daño «colateral» ocasionado.

Publicaciones de documentos, fotos y videos de torturas a prisioneros durante la guerra de Irak, tuvieron un impacto profundo en la política norteamericana para siempre, pero las publicaciones de los *Cablegate* fueron el lanzamiento al estrellato de *Wikileaks*.

Más de doscientos cincuenta mil documentos entre el Departamento de Estado y embajadas en todo el mundo, una de las mayores filtraciones de la historia, y como era de esperarse, cada país estaba muy interesado en saber qué decían los norteamericanos a sus espaldas.

Para una nación que ha estado en guerra, invasiones y ocupaciones casi todo un siglo sin descanso, esta cantidad de documentos filtrados hasta pudiera no sorprender.

El gobierno intentó usar su poder para sacar a *WikiLeaks* de circulación presionando a todas las empresas que le facilitaban sus servicios de una u otra forma, de ahí nace la «Operación *Payback*».

64

Este ataque y grito político fue especial, no era principalmente realizado desde *botnets*, sino que era colaborativo, incluso muchas personas sin *expertise* informático participaron.

Herramientas creadas por verdaderos hackers fueron puestas a disposición desde la *web* o desde una aplicación. *LOIC (Low Orbit Ion Canon)* era uno de los más famosos, y era tan simple como *point & clic* y listo, eso era suficiente para que participaras en unos de los ataques en venganza al retiro del servicio de la industria financiera y tecnológica a *WikiLeaks*.

Empresas del calibre de *VISA*, *MasterCard* y *PayPal* sufrieron la embestida, y sus sitios Web estuvieron abajo por horas. En los casos de las compañías de crédito, sus operaciones principales de autorización de crédito no se vieron afectadas, pero aquellos procesos secundarios, incluyendo las autorizaciones de uso del plástico que requerían validación adicional sí. No pasó lo mismo con *Amazon*, que desde el 2006 andaba jugando con su *Elastic Computer Cloud*, un nombre *fancy* para el uso de máquinas virtuales a demanda auto gestionable.

Pero el nombre no era sólo mercadeo, invirtieron años en crear una infraestructura «elástica» diseñada para crecer automáticamente de acuerdo con la demanda de recursos.

Jeff Bezos había dado luz verde a una estrategia que cambiaría el *core* del modelo de negocio de *Amazon*, y significaría uno de los servicios de mayor ganancia para la empresa, su incomparable *AWS*.

Este servicio, con su capacidad redundante y elástica, pudo contener los ataques de *Anonymous*, y fue la única empresa que no bajó las luces en plena guerra, lo que significó una prueba y logro importante para su servicio.

Anonymous, aunque no se identifica como un grupo de *hackers*, sino una «conciencia viva en línea», literalmente exclamó que no contaba con el suficiente poder de fuego para afectar al gigante tecnológico.

Las características de la filosofía de *Amazon* con el tiempo se volvieron mejores, diez años después volvieron a demostrar la razón por la cual su servicio compite en otra galaxia, cuando en el año 2020 recibió un ataque de negación de servicio por nada más y nada menos que de ¡2,3 *terabit-per-second* (*Tbps*)!, ¡alrededor de 2,5 millones de megabits por segundo!

Es un hecho increíble, el ataque de *DDoS* más grande realizado en la historia de Internet contra una empresa y pasó casi desapercibido, *Amazon* ni se inmutó, y apenas algunos medios se enteraron y publicaron la noticia.

Pero ya sea que nuestros conocidos hayan participado en operación Payback y en una que otra causa social, se caracterizaban por sus actuaciones justas; pero viviendo bajo el ideal de que *cuando la tiranía es ley, la revolución es orden.*

No obstante, algunos amigos de nuestros amigos habían sido atrapados delatando a sus conocidos con el *FBI*, debido al chantaje y la retaliación a los que eran sometidos, por lo que había que tener cuidado y vigilar dos frentes, a pesar de que fuera algo que ocurriera en raras ocasiones.

Después de un rato, el *small talk* empezó recordando aquella época con anécdotas que sirven para varias películas.

La discusión se acaloró en cuanto se mencionó *Stuxnet.*

8

DOWN HERE I'M GOD

E l Ferrari de los programas maliciosos —indicó Warlock.

—Mis respetos a sus autores —señaló Xpl0it, reafirmando
lo complejo y hermosamente programado del código de
Stuxnet.

—Por cierto, les presento a Xpl0it. Un mago al que le
hemos dado la bienvenida al grupo —continuó Warlock.

—A varios los conozco recientemente, pero a otros
siento que los conozco de toda la vida. Un placer —indicó
Xpl0it.

No le hicimos mucho caso pensando que era alguna alusión al manifiesto o intentando sonar amigable, aunque lo que realmente me pareció fue *lame*.

Pero luego de unos minutos entendimos la razón. Xpl0it nos envió un mensaje privado a Robert y a mí, informándonos que era Khalil, y que había reconocido nuestros viejos seudónimos. Una sorpresa interesante después de años sin saber de él, era como un fantasma que aparecía en ocasiones especiales que aún no habíamos logrado identificar.

Después de los saludos clásicos, y de repetir la mentira más aceptada del mundo: «Todo anda muy bien», seguimos conversando animadamente.

Todos estaban fascinados con *Stuxnet*, quizás si alguno hubiera participado en la creación de este no lo alabarían tanto, pero se reconocía el talento que había en la agencia de seguridad nacional norteamericana *NSA*.

Nadie se cansaba de hablar del programa malicioso y realmente parecía sacado de una película de ciencia ficción, era la primera ciberarma conocida que había tirado por todo el piso ¡el programa nuclear de Irán!

Stuxnet, parte de una familia de programas maliciosos altamente especializados y avanzados que fueron diseñados con un gran enfoque en el Medio Oriente, comparte ciertos códigos con malware de alto calibre como *Flame, Duqu* y *Gauss,* pero la tarea de *Stuxnet* en particular parecía superar la ficción.

Imagina en 2009 un *malware* que penetra a una central nuclear que no está conectada a Internet, donde se presume que se utilizaron como vía de infección algunas de las empresas responsables de suministrar la manufactura y los componentes industriales necesarios para la planta nuclear, en la región de Natanz en Irán.

Al detectar finalmente que había llegado a su objetivo, procede a infectar sigilosamente los equipos, los cuales contaban con altos estándares de seguridad, pero aprovechando no una, sino cuatro debilidades desconocidas con *0-day exploits,* y procediendo a instalar un *rootkit* a nivel del *kernel,* con la facilidad que le permitió hacerlo al utilizar certificados digitales de confianza del sistema operativo, que fueron usurpados a la empresa de semiconductores de *Realtek,* sin que estos tuvieran la más mínima idea hasta la divulgación del malware.

Para luego escalar en la red hasta llegar y afectar el sistema *SCADA* de *Siemens*, responsable del programa de control industrial, y encargado del enriquecimiento de uranio de la planta, y así proceder con la destrucción física de las válvulas centrífugas, manipulándolas para incrementar su velocidad y la presión hasta dañarlas, a la vez que interfería el sistema de monitoreo para camuflarse y hacer creer a los operadores que todo marchaba de maravilla.

Una verdadera obra de arte.

Un ataque digital que impactó en el mundo real, derrumbando así las barreras para siempre.

Pero por más maravillosos que sean los equipos de la *NSA* y la cantidad de recursos que tienen a su disposición, la interacción entre su brillante personal es lo que les da verdadera ventaja competitiva, y guardando las distancias, eso era lo que buscábamos con nuestros viejos amigos.

Luego de rendir homenaje al «Ferrari» de los programas maliciosos, entramos en materia. Robert, utilizando su alias de Internet Kaffein, contó lo que había pasado, y solicitaba el apoyo de todos para en el mejor de los casos identificar o capturar a quienes pertenecieran a esta banda. Y en el peor de los casos, al menos recuperar parte de su orgullo.

El conocimiento no era lo único que podíamos compartir, las herramientas a disposición y los equipos comprometidos en puntos claves en todo el mundo daban una posición estratégica diferente, y como era de esperarse, unidos éramos más fuertes.

Mientras Robert explicaba, RadeC0m señaló:

—Se entiende que un grupo *APT* está relacionado con este tipo de ataques en particular, por lo que las direcciones que viste pueden ser los puntos de enlace previos, y si llegaste tan lejos, hay que ver qué tanto ya saben de ti.

—*Fuck*, teníamos la sospecha, pero ¿cuál?, ¿de dónde? ¿Rusia, Irán, Corea, China? —preguntó Robert.

—Uno de ellos, o todos, *LOL*. —Fue la respuesta de RadeC0m.

—Andas bien informado. —dijo Xploit.

—Somos traficantes de información querido, la data es el nuevo petróleo —continuó RadecOm.

Robert se limitó a reír:

—*LOL.*

Dentro de estas bellas familias de grupos APT, se conocían distintas unidades con objetivos diferentes, desde espionaje, ataques a empresas y gobiernos, sabotajes, etc; como cualquier nación avanzada, cada uno tenía su historia y cola donde pisar.

Una historia interesante y muy pública ocurrió en 2014, cuando el grupo identificado como *APT37* ajustó cuentas contra *Sony Pictures*, por su repudio a la película «*The Interview*» en la que asesinaban al líder norcoreano en una comedia, o al menos en un intento de serlo.

Sí, los norcoreanos tampoco tienen mucho sentido del humor.

Para bien o para mal, se toman sus temas muy en serio, y el golpe a *Sony Pictures* fue brutal. Extrajeron datos personales de los empleados y ejecutivos, además de copias de películas sin publicar, incluyendo la famosa *Fury*, protagonizada por Brad Pitt, de la que se realizaron en línea al menos un millón de copias ilegales.

También publicaron sus estrategias y salarios, ocasionando que la opinión pública los acusara de mostrar poca equidad y ser discriminatorios, al mostrar que las plantillas de sus principales ejecutivos ganaban cifras de más de seis dígitos al año y estaba conformada básicamente por hombres blancos.

El ataque no terminó ahí, y siguió con la destrucción de computadoras.

Dijeron haber obtenido más de cien terabytes de datos de *Sony*, aunque pudo ser realmente la mitad, de todas formas, era suficiente para dañar la imagen y la rentabilidad de la empresa. Fue uno de los ataques cibernéticos más grandes que se haya realizado a una empresa norteamericana.

Se publicaron miles de archivos exponiendo los nombres de los empleados, sus usuarios, contraseñas y certificados digitales con sus llaves. Salarios, bonos, evaluación de rendimiento, y hasta los expedientes de salud por decir unos cuantos. En otras palabras, sacaron todos sus «trapitos» al sol.

Y para rematar, los extorsionaron por una suma de dinero con la promesa de detener el ataque, para de todas formas publicar películas previo a su estreno, junto a la revelación de correos sensibles con conversaciones privadas de los productores, en uno de ellos, mostrando como los ejecutivos se burlaban de lo poco talentosa que era Angelina Jolie.

—Nada es imposible, pero resulta más fácil apagar el Internet que ganar una pelea con tipos como estos —indicó SysOP.

—Es más fácil y no los necesito a ustedes para hacerlo —bromeó Warlock.

—Claro, recuerdo tus tiempos de juguetón con los *ROOT DNS* y los *Border Gateway Protocol* —respondió SysOP.

—Shhhhhhhh, que comento sobre tu entretenimiento con algunos satélites buen payaso —exclamó Warlock.

Luego del intercambio de egos volvimos a la materia, y acordamos compartir los *logs* y datos del ataque de *DDoS* que habíamos sufrido afectando toda la zona residencial de Robert.

Identificaríamos patrones en busca de equipos de comando y control sobre las computadoras *zombis*, y todo lo que nos llevara a identificar los principales autores.

—Vamos a hacer un *RSA* —indicó Anarchy.

—*LOL* —respondió Kaffeine.

—Pero con violencia y ruido —continuó.

Anarchy hacía referencia en tono de burla a un ataque que había sufrido una de las principales empresas de seguridad, conocida como *RSA Security*, no tanto por cómo fueron atacados, sino por lo que representaba dicha intrusión para los atacantes.

RSA, famosa por su dispositivo de *Token* físico *SecurID,* encargado de generar una clave dinámica cada treinta o sesenta segundos, ha sido una de las empresas más influyentes en la industria de seguridad, y le debe su nombre a sus tres fundadores, quienes revolucionaron la criptografía.

Las herramientas de codificación de *RSA* eran licenciadas en toda la industria tecnológica, y terminaban siendo utilizadas en todo el mundo a través de cualquier *software* imaginable.

A pesar de su tremenda historia, luego del cambio de su principal ejecutivo, se dice que la *NSA* logró influenciar en estos para «recomendar» la adopción de un sistema criptográfico por defecto en sus productos, y con el cual recibieron aportes millonarios que muchos no vieron con buenas intenciones.

El problema resulta cuando la industria detectó debilidades en esta adopción recomendada por la NSA, que permitiría a cualquier persona con la «llave correcta» tener acceso a toda la información que supuestamente estaba protegida.

Se les acusó de haber creado un «*Backdoor*» en los productos criptográficos a través del algoritmo *Dual Elliptic Curve*, del cual *RSA* distribuyó a través del *software Bsafe*, para «proteger» la seguridad de las computadoras, datos, productos y servicios para personas y empresas.

Con una estrategia de mercadotecnia bien escrita, *RSA* adoptó y promovió en bola de humo el algoritmo, y la *NSA* presionó para obtener la bendición del respetado

Instituto Nacional de Estándares y Tecnologías *(NIST)*, y de esta forma pudiera ser utilizado en instituciones del gobierno.

Y con la influencia de *RSA* en la industria tecnológica, su adopción pasó sin mayores sorpresas, incluyendo los proveedores de *firewalls* y redes privadas virtuales (*VPN*), sin disparar ninguna alarma.

No es la primera vez ni será la última que la *NSA* intente debilitar los sistemas criptográficos disponibles, el mismo presidente de RSA, James Bidzos, en 1994, indicó:

«Durante casi 10 años, me he enfrentado cara a cara con estas personas en Fort Meade. El éxito de esta empresa es lo peor que les puede pasar. Para ellos, somos el verdadero enemigo, somos el verdadero objetivo. Tenemos el sistema al que más temen»

Bidzos no se equivocaba, la NSA tiene todo un programa dedicado a esta tarea llamado *«Bullrun»*, y es uno de los más costosos, sus cifras llegaron a alrededor de doscientos cincuenta millones de dólares sólo en el año 2013, pero nada comparado con el presupuesto de su

«*Consolidated Cryptologic Program (CCP)*», que representa 2,3 mil millones de dólares.

La *NSA* ha buscado formas de «incentivar» a los fabricantes de seguridad tecnológica a facilitar una llave de codificación máster o backdoor, en algunos casos, ocultándolo a través de recomendaciones para adoptar estándares convenientes para ellos.

Pueden lograr sus objetivos ejerciendo fuerza de ley, pero esto representa ciertos riesgos para la agencia. En la mayoría de los casos les resulta más simple explotar las debilidades de los productos de la empresa privada. Desde hace mucho tiempo ha demostrado tener una tasa de éxito sin precedentes sin requerir ayuda del fabricante para lograr sus objetivos; pero la codificación de los datos siempre ha sido un tema sensible para ellos.

En el año 2005, la *NSA* se infiltraba en los protocolos de *Secure Sockets Layer* (*SSL*) y de redes privadas (*VPN*) sin dificultad. Años después, en 2013 *Google* reemplazó los certificados *SSL* de 1024 bits a 2048, porque ya no los consideraba seguros, después de ver el esfuerzo que la

NSA estaba realizando para que ninguna codificación estuviera fuera de su alcance.

Para esta agencia, donde nada es imposible y el secreto es su forma de respirar, la criptografía es su mayor reto y enemigo, y en aras de contrarrestarlo enfocaban gran parte de su esfuerzo, lo que permitió vislumbrar un poco la cabeza de ese monstruo tan cauteloso, aunque fuera a un grupo muy selecto.

Pero RSA, a pesar de su fama, relaciones y altos estándares de seguridad, sufrió un ataque digno de Hollywood. Lo sorprendente del ataque del cual hacía referencia Anarchy no fue violar la seguridad de una empresa caracterizada por ser un referente en mecanismos de protección, que contaba con mentes brillantes y tecnología *state-of-the-art* para el perímetro y sus estaciones de trabajo. Tampoco que el ataque afectara en cuarenta millones de dólares a los servicios de *tokens* de *SecurID*, y que terminó impactando a la empresa por un total de más de sesenta millones de dólares.

De por sí el ataque inició con una técnica ya muy conocida, un *spear phishing* bien elaborado a empleados selectos, y continuó con un *0-day exploit* dentro de un archivo en *Excel*, que posteriormente descargó *PisonIvy* como su herramienta de acceso remoto *(RAT)*, otorgando así total control del equipo que sirvió para escalar privilegios hasta llegar a las joyas de la familia.

Y aquí no estamos hablando de *Bsafe*, sino de su marca distintiva y súper protegida propiedad intelectual que genera los códigos dinámicos para *SecurID*, utilizados para proteger los datos y accesos más sensibles por miles de empresas en todo el mundo.

Escalar dentro de la red hasta lograr este objetivo es destacable, considerando como pasó desapercibido entre los sistemas de seguridad de una empresa como RSA, con mayores y mejores mecanismos que la mayoría de la industria tecnológica.

Lo que reduce el impacto y la magnitud de este incidente, es saber que este era sólo uno de los pasos para ir detrás del real objetivo: ¡*Lockheed Martin*!

Nada más y nada menos que uno de los principales proveedores de la armada de los Estados Unidos, constructor de misiles, y aviones de combate F-35, y el «pequeño» *hack* a *RSA* representaba un paso para obtener el santo grial de las llaves de los *SecurID tokens,* y así vulnerar los accesos remotos *(VPN)* de *Lockheed.*

¿Utilizar a RSA como sacrificio de dama para matar al rey? esto sí era algo alucinante.

Lockheed Martin alegó haber detectado la intrusión de su acceso remoto casi de inmediato, y que no hubo daños considerables, lo que suena más como un mensaje político mientras procedían a desactivar todos los accesos por más de una semana.

Un recordatorio que nadie, ni siquiera el referente de la industria, está libre de ser vulnerado. Simplemente es casi inevitable perder una lucha cuando los mismos sistemas que deben protegerte sirven de puentes de ataques.

La seguridad se basa en la confianza, y cuando se pierde la confianza, no hay seguridad.

Debido a la forma indirecta del ataque, Anarchy lo relacionó con nuestros próximos pasos.

Luego de compartir algunos datos, acordamos vernos en varios días, así que procedimos a despedirnos y esperar traer buenas noticias.

La espera no duró mucho, pero el resultado sorprendió a más de uno.

9

IGNORANCE IS BLISS,
UNTIL IT'S NOT

Uno de los centros de comando y control está en tu ciudad querido Kaffein, mi antiguo país —se adelantó Khalil con sus resultados al volvernos a ver.

—Nooooooo *kidding* —fue su respuesta sorprendido.

La geolocalización indicaba que estaba en el centro de la ciudad. Una empresa mediana de servicios tecnológicos, desde donde enviaron indicaciones a miles de *bots* para los ataques de *DDoS*, no apuntaba ser una red zombi más, sino, algo más relevante en la conexión con los atacantes.

—¿Nadie tiene un amigo en *The Equation Group* para que nos preste unos cuantos jugueticos y ahorrarnos el esfuerzo? —dije en broma.

Todos rieron.

—¿The *Shadow Brokers* entonces? —continué.

Aquí nadie rio.

El poder de la *NSA* dentro del mundo informático es comparable a un dios, bajo el lema de «*Getting the ungettable*», su unidad *TAO* (Tailored Access Operations) al que pertenece *The Equation Group* pareciera no tener límites, pero cada dios tiene su diablo.

Y para la NSA unos de sus diablos lleva el nombre de *The Shadow Brokers*, quienes se han dado a conocer como su archienemigo público favorito, revelando decenas de las herramientas, métodos y *exploits* de la NSA. Peor aún, son mercenarios que las venden al mejor postor, ofertando *exploits* que pudieran permitir entrar a cualquier sistema del mundo.

La *NSA* cuenta con un catálogo de productos para sus agencias de inteligencia con precios y modelos, tal cual los artículos de tiendas por departamentos, exclusivo para el grupo *VIP* de los superamigos conocidos como los *Five Eyes*, esa red de inteligencia formada por Australia, Canadá, Nueva Zelanda, el Reino Unido y los Estados Unidos.

The Shadow Brokers también tenía su catálogo de *exploits*, de la misma NSA, así como un mercado negro y no limitado a los miembros de los *Five Eyes*, sino para cualquier individuo que estuviera dispuesto a pagar el precio.

A veces la realidad escribe los mejores guiones.

Este catálogo que, de manera interesante, antes de poner en venta realizó una subasta pública invitando a la *NSA* para que mantuviera sus juguetes de manera secreta, claro, siempre que su puja fuera la más alta. Alegaban que no eran criminales irresponsables y que estaban conscientes del daño que esto causaría, así que le daba una oportunidad a la *NSA* para detener la fuga de sus herramientas por el precio correcto.

No recibieron respuesta oficial de la *NSA*, así que se enfocaron en su negocio, cambiando el modelo de subasta a un modelo a la carta, y posteriormente a un modelo de suscripción para recibir nuevos *exploits* de manera frecuente.

Actuaron como buenos emprendedores que escuchan el mercado y mejoran sus servicios, para posteriormente dar la estocada final, liberando simplemente el paquete de exploits de forma pública. Siendo *DoublePulsar* y *EternalBlue* las liberaciones más dañinas para el mundo, utilizadas posteriormente para atacar cientos de miles de computadoras.

The Shadow Brokers también se encargó de publicar las operaciones de la *NSA* en contra de las plantas nucleares en Rusia, China, Irán y Corea del Norte, así como intrusiones a bancos en países como Qatar, los Emiratos Árabes, Palestina, y otros de la región.

Una de las acciones publicadas más sorprendente fue la revelación de que habían atacado el corazón de toda la red *SWIFT* a través del *SWIFT Service Bureau*, de forma que les permitía tener una visión de casi la totalidad de las transferencias internacionales del sistema financiero global.

Pero la hazaña realizada por *The Shadow Brokers* es una de las más incompresibles en toda la comunidad de *hackers*. Un equipo capaz de poner en apuros a la mayor agencia de espionaje, saqueando su material precioso y debilitando su poder de acción, o al menos retrasándolo por un tiempo considerable, se dedicó a revelar y exponer estas herramientas en vez de aprovecharlas de forma silenciosa, con la implicación, además, de la retaliación que esto conllevaría mientras existieran.

Vender ese armamento secreto es igual a vender la gallina de los huevos de oro, a menos que su intención siempre haya sido exponer las tácticas, técnicas y procedimientos de la *NSA*, mientras utilizan la excusa económica para su real propósito.

Es interesante que una agencia conocida por su misterio y secretismo haya sido vulnerada de esta manera, e incluso ya no cuente con la privacidad y el anonimato que les gustaría, ya que algunos centros de inteligencia son bien conocidos, como es el caso de *TITANPOINTE* en la 33 *Thomas Street* en la ciudad de New York, un edificio de 167 metros de altura, sin ventanas y con suficientes alimentos para mil quinientas personas durante dos semanas, y capaz de resistir un ataque nuclear. Así como la ya conocida habitación *641A* en San Francisco, operada por AT&T para facilitar el programa de vigilancia a la NSA, dado su ubicación estratégica para capturar tráfico de Internet.

No hay forma de escapar de estas agencias si estás en su mira, básicamente considera tu red y computadoras comprometidas, por suerte, la *NSA* tiene cosas más importantes que atender, pero sus garras o puertas traseras están en cada componente inimaginable, desde teclados, discos duros, equipos de redes, celulares, *you name it*. Incluso en los mismos equipos que se suponen deben protegernos, como *routers, antivirus* y *firewalls*.

Eso hace más incomprensible el acto realizado por *The Shadow Brokers*, tener acceso a dichas herramientas provee un poder especial en el mundo virtual y físico, además de ser imperceptibles y con capacidades de vulnerar todo a su alrededor; algo así como el ataque realizado por los rusos con «*The Thing*».

Para este ataque no estaba preparada la inteligencia americana, «*The Thing*», era tan enigmático como sorprendente, desde el año cuarenta y seis hasta el cincuenta y dos, todas las conversaciones clasificadas en la casa del embajador en Rusia eran escuchadas a través de este dispositivo.

Este ataque era diferente a cualquier otro mecanismo de espionaje, y no utilizaba componentes electrónicos. Por lo que, aunque se utilizaran jaulas de Faraday para protegerse contra ataques *TEMPEST,* y así impedir el espionaje mediante ondas electromagnéticas, no hubiera servido de nada.

Ni siquiera utilizaba cables o batería, y lo descubrieron por pura casualidad. Un dispositivo cuidadosamente escondido que funciona como un radio retro reflector para extraer los sonidos a su alrededor.

El espionaje fue toda una obra de arte, inició a través de un ataque de ingeniería social con una donación de la escuela soviética de «El Gran Sello» *(The Great Seal)* a los Estados Unidos, dentro de este había un troyano que habilitó la «puerta trasera» para escuchar conversaciones durante años.

Dentro de «El Gran Sello» se encontraba esta belleza de vigilancia que capturaba las ondas de sonido a través de su cavidad resonante, las que luego eran enviados al exterior cuando era estimulado por una frecuencia de radio que los rusos emitían desde una camioneta. *How about that?* ¡Punto para Rusia!

Estas eran herramientas con las que sólo podíamos soñar, así que, volviendo a nuestra realidad, habíamos concluido que seguir el rastro de los atacantes había tenido consecuencias no deseadas, y que debíamos respetar el «*Know-How*» del enemigo, limitando nuestra exposición en la red.

—Entonces chicos, tanto parrandear y jugar al justiciero y uno que otros malos pasos por ahí, y nadie tiene un *0-day* que quiera compartir —exclamó Xpl0it.

—No nos pongamos tacaños ahora. Necesitamos entender que pasa en esa empresa de servicios tecnológicos desde donde enviaron las indicaciones a los *bots* para los ataques de *DDoS* —secundé.

Hubo un silencio extraño, no era únicamente usar el exploit correcto, sino también considerar la mejor estrategia tomando en cuenta el nivel del enemigo; después de la pausa Kaffeine dijo:

—Creo que tengo una idea, pongamos los equipos electrónicos a cantar. —

—Luego les cuento. —

—¡*WTF?!* —Fue la respuesta casi al unísono.

10

THE WORLD AS
PLAYING FIELD

M ientras esperábamos que Robert se dignara a darnos los detalles de su idea de poner los equipos electrónicos a cantar, recurrimos a esa parte oscura del Internet donde se encuentra todo tipo de cosas, en la famosa *Dark Web*.

Donde es posible encontrar servicios y exploits a la venta que pueden vulnerar sistemas considerados seguros. Similar a las ofertas realizadas por «*The Shadow Brokers*».

Como lo experimentó Ucrania, que en 2017 sufrió un ciberataque que utilizó uno de los exploits que puso a disposición su archienemigo de la NSA llamado *EternalBlue*, permitiendo así explotar una vulnerabilidad en el *Server Message Block* (SMB) de *Windows*.

Ese *exploit* en particular permitió la creación de los malware *Petya* y *WannaCry*, y entre los dos y sus variantes infectaron más de sesenta y cinco países y causaron miles de millones de dólares en pérdidas.

WannaCry y *Petya* se comportaban muy similares y muy diferente a la vez, el primero actuaba como un verdadero *ramsonware* codificando datos y solicitando un pago para su rescate, y el segundo era más bien un destructor de datos y sistemas sin mucho interés en recuperación, que también aprovechaba otras tácticas para lograr su éxito de propagación.

Una versión modificada de *Petya* fue la que atacó Ucrania en 2017, sufriendo uno de sus peores ciberataques, aun considerando las agresiones en años previos a su sistema eléctrico. Este ataque se propagó a una velocidad impresionante, tomaba menos de un minuto acabar con la red de las empresas; sólo sesenta segundos para reaccionar o te despedías de tus sistemas y datos.

A ese ritmo devoró más de veintidós bancos y cientos de compañías, para el segundo banco más grande de Ucrania esto significó perder el 90% de sus computadoras.

Se estima que más de un 80% de las empresas sufrieron el ataque con daños irreparables en sus sistemas, categorizándolo como el mayor ciberataque a una nación hasta la fecha.

Fue el equivalente a una bomba atómica digital, necesitando sólo unos segundos para dejar inoperativo el sistema financiero, incluyendo sus *ATM's* que desplegaban el falso mensaje de rescate.

Perdieron también la capacidad de procesar los pagos en los comercios, de modo que se impactó el sistema de transporte y compras en general, las clínicas tuvieron que volver al lápiz y el papel, el sistema de información de los aeropuertos desapareció, así como el sistema eléctrico, en fin, nada estuvo a salvo.

Fue un duro golpe que puso en apuros a compañías multinacionales como *Maersk*, *FedEx* y *Merck*, impactando sus servicios a nivel mundial.

En el caso de *Maersk*, el gigante de transporte marino y mayor operador de contenedores del mundo, estimaron pérdidas directas por el incidente de alrededor de 300 millones de dólares, y les tomó más de tres meses reparar cuatro mil servidores informáticos, cuarenta y cinco mil computadoras personales, y doscientos cincuenta aplicaciones.

Para uno de los líderes en transporte aéreo, *FedEx*, el costo aún fue mayor con 400 millones de dólares en pérdidas y seis meses para una recuperación completa.

Pero el agravio a la farmacéutica *Merck* se llevó la corona, con 670 millones de dólares y la pérdida de quince mil computadoras, que provocaron la paralización de la elaboración de vacunas esenciales en su línea de producción.

Aunque este ataque no fue planificado para impactar más allá de Ucrania, la interconexión con los proveedores, cadenas de suministro, y presencia internacional, permitieron un impacto más allá de las fronteras.

Los individuos y empresas pueden escaparse cada vez menos a los daños colaterales de las ciberguerras. A diferencia de las demarcaciones territoriales en el mapa geopolítico de una guerra convencional, estas líneas se vuelven muy borrosas con la maravilla del Internet.

El vector de entrada del programa malicioso utilizado en Ucrania aprovechó un *backdoor* previamente implantado en la actualización del sistema de contabilidad *MeDoc*.

El *software MeDoc* básicamente utilizado por todo el país para el pago de impuestos permitió tener un punto de entrada seguro a casi toda Ucrania.

Luego que el malware obtenía acceso a una computadora, aprovechaba *Mimikatz* para extraer las contraseñas de la memoria y así acceder a otras computadoras en la red.

De esta forma, si una computadora estaba protegida porque contaba con el parche para *EternalBlue*, era luego comprometida por el robo y reutilización de las credenciales en otros equipos.

Una computadora vulnerable y te despedías de tu red.

Para mediados del año 2018, otro regalito le esperaba a Ucrania, este sería otro año más en ser utilizados como campo de juego y práctica, pero esta vez corrieron con suerte.

Más de quinientos mil *routers*, los mismos que utilizamos en nuestros hogares para conectarnos a Internet, se encontraban infectados con el programa malicioso *VPNFilter*, principalmente en Ucrania, programados con un «*kill switch*» para desconectarlos de Internet. Por suerte para ellos, la división de seguridad de Cisco detectó el problema, y alertó a las principales compañías de *routers* sobre el mismo.

Mientras que para *NotPetya*, como llamaron a la variante usada en Ucrania, ya era muy tarde, hospitales, plantas eléctricas, aeropuertos, bancos, gasolineras, compañías eléctricas, sistemas de pago; todos colapsaron.

WannaCry, hijo también de *EternalBlue*, infectó por otro lado más de doscientas mil computadoras en más de ciento cincuenta países.

Sólo en Inglaterra, dieciséis hospitales tuvieron que cancelar todos los servicios no urgentes, así como veinte mil citas, y seiscientas cirugías tuvieron que ser reprogramadas.

El daño pudo ser peor y crear un caos mayor en el mundo, pero gracias a Marcus Hutchins, un investigador de seguridad que analizaba el programa malicioso, notó que este intentaba comunicarse con una dirección *web* que no estaba registrada, y al proceder con su registro descubrió un «*kill switch*» en el código que detuvo su propagación.

Al final, una *vulnerabilidad*, dos programas maliciosos, billones de dólares en daños.

Tan sólo a *NotPetya* se le atribuye más de diez billones de dólares en pérdidas, es el ciberataque más costoso y destructivo que se haya registrado.

Estas embestidas digitales que han tenido un mayor impacto en Ucrania, sufriendo desde ataques distribuidos de negación de servicios, apagones eléctricos, destrucción de equipos y daños a los servicios e infraestructuras, apuntan al grupo *APT SandWorm* como principal responsable, con lazos en Rusia.

Las evidencias tecnológicas, las cuales no han sido fáciles de obtener, y han requerido la evaluación por etapas de diversos ataques, con sus tácticas, técnicas y procedimientos similares, apunta de una manera u otra a este grupo APT. A pesar de los *false flag* que se han dejado intencionalmente en el camino para despistar las investigaciones forenses.

Nosotros, no teníamos intención de hacer daño con herramientas de este calibre en nuestro poder, con estos *exploits* a disposición se podían hacer muchas cosas que no fueran destructivas. En nuestro caso, capturar algunos de los responsables del robo bancario en Chile fuera muy excitante, pero hace tiempo que ya se trataba de un tema personal.

Así que estábamos abiertos a cualquier arsenal de armas para atraparlos que encontráramos en la Dark Web.

—Bueno, entonces, en lo que llega la explicación de poner los equipos electrónicos a cantar; ¿estamos abiertos a todo? —preguntó Radec0m.

—Tenemos preferencia por *exploits* físicos a los de red en esta ocasión, pero posiblemente necesitemos de todo un poco —respondí.

—Objetivo: nuevo catálogo de la *NSA* —bromeó Radec0m.

—*Yeahh right.* —Fue la respuesta de SysOP.

11

EVERYTHING BEGINS WITH CHOICE

Queríamos estar fuera de la red lo más posible, ya conocíamos el nivel contra quienes luchábamos, y, aunque la empresa de servicios tecnológicos sólo fuera una víctima más, no bajaríamos la guardia; este enemigo era muy peligroso.

Exploramos herramientas físicas disponibles a la venta para obtener datos de cualquier objetivo, ya sea colocando implantes en la red, pantallas, teclados, etc., pero todos eran perceptibles para un buen conocedor. Estas no estaban a la altura de las herramientas de la *NSA* que funcionan como fantasmas.

Una de esas herramientas que nos llamaba la atención parece un *plug* normal de cable *USB* «Universal Serial Bus», y puede ser implantado en cualquier dispositivo como un teclado o mouse, esta poderosa herramienta llamada *COTTONMOUTH* cuenta con un transceptor de radiofrecuencia que permite crear un puente de datos a millas de distancia.

Se sabe que al menos desde el año 2008, la *NSA* lo utilizaba como un canal secreto de ondas de radio para la transmisión de datos, permitiéndoles tener acceso a aquellas computadoras que buscaban protección al no encontrarse en Internet. Una falsa percepción de seguridad contra enemigos de este calibre.

—He conseguido una copia de *RAGEMASTER*, pero tengo mis dudas —indicó Anarchy.

—Comparte las fotos y características —respondió Xpl0it.

—No sirve, es mil veces más grande que el modelo original —indicó Kaffeine inmediatamente.

—Todavía no consigo la tienda de *TAO* para satisfacer sus necesidades mi señor. —Respondió incomodo Anarchy.

—*LOL*, tranquilos chicos, sigamos buscando sin complicarnos. —Comenté esperando tranquilizar los ánimos y el mal humor.

RAGEMASTER también despertaba nuestro interés, un diminuto retro reflector de radiofrecuencia que se oculta en un cable estándar de video de la computadora y que puede replicar a distancia todo lo que presentara el monitor.

A pesar del reto de emular estos dispositivos, contábamos con vasta información y material para mejorar las copias que encontrábamos en venta, aunque requería la visita física a la instalación, y nosotros no contábamos con la *CIA* para que hiciera el trabajo sucio de la *NSA*. Este era otro reto por superar, pero atenderíamos un problema a la vez.

Conversamos sobre diversas formas de poner nuestros oídos en lo que sucedía en esa empresa sin exponernos, y dependiendo de las condiciones podía ser relativamente sencillo. Así que la conversación se enfocó en ataques de *side channel* en busca de aprovechar las emisiones eléctricas de los equipos por cualquier vía.

—Si queremos limitar al mínimo la intrusión de red, debemos pensar en herramientas tipo *TEMPEST* —señaló Anarchy.

—Encontrar algo así de alta calidad en la *Dark Web* es como tratar de conseguir un vendedor de plutonio. Me parece muy complicado. —Fue la respuesta de Radec0m.

—Pero es el camino, espiar a través de la fuga de emanaciones, ya sean eléctricas, sonidos, vibraciones, *whatever*. Ya la pasé muy mal con estos tipos como para volver a exponernos. Ya casi les comparto lo prometido, este es el camino —respondió Kaffeine.

—¿*What about PITA*? Entiendo que los israelíes han logrado con unos pocos cientos de dólares crear un dispositivo capaz de extraer las llaves criptográficas capturando las emisiones eléctricas —preguntó Warlock.

—Sí, pero es muy experimental y casi debes estar al lado de la computadora, no sería útil en este caso. Tengo mis contactos en la Universidad de Tel Aviv —señaló Anarchy.

—¿*BITWHISPER*? —volvió a preguntar.

—Tampoco sería una opción, requiere físicamente la instalación del *malware* antes de aprovechar sus capacidades para capturar los datos vías las emisiones de calor del equipo, además, que, igualmente se debe estar bien cerca, a menos que alguien sepa datos adicionales secretos —añadió SysOP.

—*¡Que es súper cool!*, utilizar patrones de calor para que el otro equipo interprete flujo de datos. *¡That is fucking genius!*, bueno, sólo agregar que realmente termina siendo un ataque de *covert channel*, porque permite enviar datos además de extraer —agregó Xpl0it.

—Si consideramos *AirHopper*, se pueden capturar los datos y enviarlos vía el receptor de radio de los celulares, y este permite usarlo en distancias mayores, de hasta algunos metros —continuó Xpl0it.

—Bueno, foco, hay ataques muy *cool* que no están a nuestro alcance o no son útiles en este escenario, incluyendo *AirHopper* por su limitante en capacidad de datos, exploremos lo que puede funcionar —externé.

—Pero por ahí van los tiros —agregó Kaffeine.

—Necesitamos esas características, pero que sea posible a una distancia mayor —continuó.

Estas opciones nos permitirían mantenernos desconectados virtualmente de la víctima, así que era interesante explorar cómo infiltrarnos y extraer datos aprovechando las emisiones electromagnéticas de los equipos.

Pero siempre encontrábamos desventajas en cuanto a sus capacidades con respecto a la distancia para utilizarlos de manera segura, o dudas sobre la fiabilidad para realizar un ataque exitoso, y más importante aún, no podía ejecutarse totalmente a distancia de manera efectiva sin al menos una primera visita física, y esto evitaba obtener el sigilo que deseábamos.

—Creo que debemos hacer dos cosas. Primero, poner oídos dentro del lugar, y luego analizar los efectos de los componentes digitales sobre los físicos, de modo que podamos ponerlos a cantar, como ya les había dicho antes —expresó Kaffeine.

Robert tenía la particularidad de divertirse explicando las cosas de manera compleja, simplemente porque le daba la gana, como decir el nombre científico de una planta en vez de llamarla por su nombre común. Era ese tipo de alusión que podía hastiar a la persona que no supiera tanto como él, o que no fuera paciente.

Pero lo que decía nunca eran tonterías, tenía la capacidad de desmembrar temas muy complejos y llevarlos al lenguaje más llano y simple, como todo aquel que domina a sobremanera una materia.

—Aterriza por favor, deja las payasadas. —Disparó SysOP.

—Ok, he estado analizando y creo que lo primero que debemos hacer es buscar la forma de escuchar dentro del lugar. ¿A nadie le suena el *micrófono visual*? —indicó Kaffeine.

—Sí, eso puede funcionar, y es posible usarla con una buena distancia. —Fue la respuesta de Xpl0it.

—¿Nos vamos a poner a construir una? —preguntó Anarchy.

—Algo mejor, un *Lamphone*. —le respondió.

El «micrófono visual» es un método interesante para capturar los sonidos mediante video.

Las ondas producidas por nuestra voz generan características únicas en todo lo que tocan, y si lográbamos identificar esas pequeñas variables podíamos escuchar lo que se dijera en una habitación a una distancia prudente; parece ciencia ficción, pero es muy real.

Imperceptibles para el ojo humano, una cámara de alta velocidad detecta las pequeñas vibraciones de la superficie de un objeto, y a través de un *software* especial se pueden reproducir los sonidos del lugar.

Unos *Geeks* del *MIT* publicaron hace unos años una prueba de concepto mostrando estas capacidades, y a partir de ahí, sólo ha mejorado. Al punto que una versión denominada *Lamphone Attack* es capaz de espiar con el uso de un micrófono láser a través de las bombillas eléctricas a decenas de metros.

—Pues nos vamos de compras —exclamó Warlock.

—Pera, pera, pera, Kaffeine.... ¿Y el cuento de poner a chillar los componentes electrónicos? —pregunté.

—Ahhhh mi querido Watson... aquí nos inspiraremos en «*The Thing*». —Fue su respuesta.

—¡Wao!, no sabía que estamos en capacidad de crear un artefacto de ese tipo. —respondí.

—No dije que crearíamos «*The Thing*», sino que nos inspiraríamos en este, es decir, en su técnica para extraer información, utilizando un canal de radio secundario para transmitir datos, sin usar *Wifi, Bluetooth* o cualquier método de comunicación *Wireless* —continuó Kaffeine.

—¿Y de qué estamos hablando? —interrumpió Warlock.

—¡Funtenna! —exclamó Xpl0it, como si fuera un concurso de adivinanza.

—¡Un ataque Funtenna!, eso quiere decir con poner los componentes electrónicos a cantar —continuó.

—*Indeed my friend*, pero primero lo primero. Luego les cuento cómo planeo hacer para que podamos usarlo manteniendo la protección y anonimato que deseamos. —Fue la respuesta final de Kaffeine.

—¡Manos a la obra entonces! —gritó SysOP emocionado, ya que ahora pasábamos de la planeación a la acción. Así que fuimos a conseguir las partes necesarias para construir nuestro «*lamphone*».

Nuestra súper herramienta espía estuvo lista en pocos días, y nos turnábamos para probarla en travesuras inofensivas con aquellos amigos que compartíamos la isla. Funcionaba a la perfección cuando las condiciones del clima eran buenas mientras registraba las conversaciones a través de distintos tipos de bombillas.

Muy emocionados pusimos el plan en marcha para nuestra primera batalla, ubicados desde una posición privilegiada apuntamos al único lugar visible de la empresa de servicios tecnológicos, estábamos a pasos de conocer a fondo sobre una de las cabezas detrás de los ataques previos que habíamos sufrido.

Pero nuestra *lamphone* no arrojaba nada, pruebas iban y venían, y no obteníamos resultados, revisamos las configuraciones y los componentes una y otra vez, probamos en otras empresas a su alrededor con éxito, pero cuando volvíamos a nuestro objetivo, el resultado era negativo.

Lo que no habíamos calculado en medio de nuestra emoción, era que los bombillos de nuestro objetivo estaban adornados con alguna monería artesanal rígida que impedía tener una vista completa del bombillo eléctrico, y que las ventanas contaban con algún tipo de laminado de protección, impidiendo capturar esos movimientos microscópicos.

—¡Que desmadre!, cómo diablos no validamos esto antes —exclamó Warlock.

La emoción nos hizo descuidar un análisis riguroso y perdimos tiempo en algo que no nos llevó a ningún lado.

Pero el plan no había cambiado, necesitábamos realizar un ataque físico sin exponernos, desde equipos que pudiéramos desechar sin dejar ningún rastro.

—Kaffeine, ¿a cantar ahora? —Fue la pregunta de Warlock.

—*Loud and clear.* —Fue su respuesta.

La operación *Deus Ex Machina* 2.0 había iniciado.

12

UNFINISHED BUSINESS

C omo queríamos hacer una vigilancia muy sigilosa, y cuidarnos así de ser detectados, nuestra inspiración en «*The Thing*» sería la referencia para realizar un ataque a distancia y extraer información sin exponernos a cualquier sistema de monitoreo que pudiera existir.

Realmente no sabíamos qué niveles de seguridad encontraríamos, pero ya no subestimábamos al enemigo, habíamos aprendido la lección.

Nuestro ataque no era tan rústico como «*The Thing*», pero no deja de ser mágico, nuestra *Funtenna* se encargaría de modificar los componentes electrónicos de los circuitos a través de simples líneas de código para que se comportaran como antena, y así transmitir mediante ondas de radio los datos. Evitando así la detección por los mecanismos de protección generalmente usados aun en redes altamente protegidas.

Hoy en día nada se mueve sin piezas del valle del silicio, pero como estos componentes no se habían construido para funcionar de esa manera, las señales no llegaban muy lejos, así que igual como habían hecho los rusos apostándose fuera de la embajada americana, debíamos acercarnos para implantar el malware con el ataque *Funtenna*, y posteriormente también para capturar la información.

Divagamos algunas ideas sin llegar a ningún acuerdo, hasta que Pwnjuice comentó:

—Lo tengo.

—¿A ver genio, ¿qué nos traes, conseguiste el láser para escuchar a través de las paredes y así dejamos esto? Espero que sea mejor que nuestro *Lamphone* —bromeó Anarchy.

—Pronto disponible en tu sitio Dark Web favorito, incluyendo supresión de vibraciones y ruido —replicó Pwnjuice.

—*LOL* —

Y luego continuó.

—Mientras ustedes han estado hablando sin parar y sin resultados, he tenido algunas conversaciones privadas con Kaffeine, y hemos verificado las cámaras del exterior cercanas a la empresa. —adelantó Pwnjuice.

—Hemos visto que tienen tercerizados las tareas de soporte técnico para las computadoras e impresoras. Esta es nuestra vía de entrada sin exponernos directamente, este es nuestro *RSA* —concluyó Pwnjuice.

—Esta idea puede funcionar —expresé, y el resto aprobó.

Así que nos pusimos en marcha.

No tomó nada de tiempo enviar un *spear phishing* a uno de los mal pagados técnicos, indicándole que debía actualizar las impresoras de nuestro objetivo con un nuevo parche para mejorar el rendimiento y la seguridad de estas, la solicitud estaba perfectamente elaborada, incluyendo la secuencia del número de ticket asignado a su caso.

El nuevo «parche» había sido compilado por Xpl0it, y no hacía ninguna mejora con el *software* de la impresora, más que mostrar unas falsas pantallas de actualización.

El resto del equipo colaboró facilitando *exploits* de sistemas operativos que permitieron ejecutar nuestro «parche» y asegurar la escalación de privilegios.

—Bueno...ahí empaquetamos unos regalitos para distintos fabricantes —indicó Pwnjuice.

Al instalarse correctamente, nuestro programa malicioso alteraba las propiedades eléctricas de los componentes de la impresora convirtiéndola en nuestro transmisor de radio personal.

En cuestión de días teníamos las impresoras emitiendo una copia de todo documento impreso vía radiofrecuencia sin que nadie pudiera detectarlo.

Era nuestra propia versión de los patrones *DocuColor* que se imprimen en cada hoja sin que sean visibles al ojo humano, utilizado para rastrear cada documento impreso.

Nuestro programa malicioso también se encargó de detectar en modo pasivo los teléfonos que estaban vía voz sobre IP, y realizar el mismo proceso de explotación ahora de manera automática y sin interacción, en este caso aprovechando los *exploits* incorporados por los chicos para el sistema de Cisco. Así que, adicionalmente a la captura de las conversaciones telefónicas, pudimos capturar los datos de la red ejecutando un *sniffing* en modo pasivo sobre los equipos, permitiéndonos obtener todo el tráfico del segmento.

No queríamos ser intrusivos atacando computadoras, y por eso limitábamos nuestros objetivos con aquellos que no suelen tener ninguna supervisión.

Ahora, con los equipos emitiendo información vía radiofrecuencia, necesitábamos estar lo suficientemente cerca para capturar los datos, y eso es otra historia.

Nuevamente el tema de la exposición era un factor, pero Kaffeine ya trabajaba en esta parte del plan, e indicó:

—Ok...la primera idea es vestir a Warlock de plomero y que se infiltre destapando los baños del lugar —bromeó

—*LOL*, payaso —le respondió escuetamente.

121

—Bueno, la segunda idea es menos humilde, incluso en contra de nuestros ideales, pero estamos en guerra —expresó.

—Suelta y deja el misterio —dijo RadecOm.

—Como saben, siempre es un poco complicado acercarnos sin exponernos.

—Así que mandaremos unos robots —expresó.

—*What the hell are you talking about?* —volvió RadecOm a preguntar.

—Usaremos drones para capturar las ondas. —Fue la respuesta.

—Habría que conseguir un arsenal para tenerlos suficiente tiempo en vuelo y capturar suficiente data, ¿cómo controlaremos eso? —preguntó SysOP.

—Déjame eso a mí —fue la respuesta poco humilde de Warlock

La idea era simple, conseguir múltiples drones «prestados» sin el consentimiento de sus dueños, así que Robert visitó un parque frecuentado por jóvenes de la alta sociedad donde solían verse docenas de estos en el aire al mismo tiempo.

La razón de obtener los drones de esta forma y no comprarlos, se hacía con el fin de eliminar cualquier rastro que pudiera utilizarse para identificarnos.

Robert usó un dron de *Skyjack* que, entre otras cosas, utiliza el terrible *Aircrack-ng*, famoso por someter a su merced a cualquier red inalámbrica.

Con este en el parque, y desde una distancia prudente desde su carro, tomó control de múltiples de estos aparatos voladores sin dificultad. Cuando los dueños confundidos comprendieron que habían perdido el control sobre sus drones, ya Robert se encontraba muy lejos.

Aunque no éramos partidarios de este tipo de «préstamos indefinidos», esta vez el fin justificaba los medios, no eran las ligas menores en lo que estábamos metidos.

Posteriormente, Warlock se encargó de programarlos para que volaran secuencialmente, mientras un dron recolectaba datos, el resto recargaba energía, toda una fábrica espía automatizada.

Con los drones modificados para capturar las ondas de nuestro ataque *funtenna*, empezamos a monitorear por varios días.

Con impresoras, teléfonos y datos de la red a nuestra merced, íbamos entendiendo la mecánica del lugar.

Yo quería un ultimo toque antes de pasar a la fase de análisis, *just in case*.

—Creo que podemos seguir fuera de la red, mientras ampliamos nuestra capacidad de captura —les expresé.

—¿Que tienes en mente? —Me preguntó Kaffeine.

—Puedo conseguir una versión modificada basada en *KeySweeper* que no coge cuento con nivel de criptografía o marca del fabricante, y así obtener todos los datos que pasen por los teclados inalámbricos —expresé.

—*That would be nice*, un *keylogger* inalámbrico, ¿pero esto no significaría exponernos demasiado para colocarlo? —replicó Xpl0it.

—No. Usaremos nuestro técnico de soporte para que reemplace la fuente de energía de las impresoras por nuestra versión con el *keylogger* —concluí.

—*Great!*, Manos a la obra. —respondió.

Así que decidimos expandir nuestra escucha y utilizar una versión de *KeySweeper* más poderosa. Por lo que solicitamos a nuestro «*Bot*» humano que cambiara los *Power Cord* de las impresoras, basado en un nuevo modelo más «moderno», con supuestas mejoras en sus capacidades de ahorro de energía.

Nuestro querido «*Bot*» humano nunca sospechó nada, simplemente se limitaba a cumplir las tareas de su *Ticketdesk* lo más pronto posible, de forma que pudiera cumplir sus indicadores de rendimiento y no fuese penalizado.

En cuanto realizó el cambio de los *Power Cord*, pasamos a capturar la mayoría de los datos de los teclados inalámbricos de la empresa, ahora vía red celular *GSM*.

Sin tocar una computadora estaban comprometidos hasta las entrañas.

13

DEATH, TAXES, AND BEING HACKED

C on todas las capturas de datos teníamos material para entretenernos.

—Estos pendejos no sólo sirven de intermediarios para trabajos sucios como centro de comando y control para ataques de *DDoS*, también están implantando *backdoors* a quienes les dan servicio. —resaltó Robert.

—Que *fukin* ironía —respondió Warlock.

—Es un buen *cover-up*, estos tipos sirven a decenas de empresas, pero probablemente sólo estén interesados en un par. Abrimos una caja de pandora, pero aún nos faltaba identificar si son víctimas o victimarios. —señaló SysOP.

—Chicos, algo pasa —dijo Robert.

Y dejó el chat.

Robert era probablemente el más paranoico del grupo, hasta un *ICMP ECHO* entre sus computadoras que no le hiciera sentido era suficiente para desaparecerse. Así que no nos preocupamos cuando no supimos de él por varios días.

De todas formas, el resto del equipo acordó detener el monitoreo hasta nuevo aviso, ya teníamos una buena cantidad de trabajo pendiente con los datos por analizar.

Tiempo después, volvimos a reunirnos y todavía no sabíamos nada de Robert. Tampoco de Xpl0it. Pero sí supimos algo nuevo que nos emocionó y nos preocupó a la vez.

El análisis de los datos y las características de los malwares detectados en la empresa de servicios tecnológicos muestran similitudes compartidas con un grupo conocido: *APT38*, también llamado *Bluenoroff*, ubicado en Corea del Norte.

Similitudes principalmente encontradas en las herramientas para destrucción de datos y en las llaves de codificación para la comunicación.

Este grupo APT, perteneciente a la unidad con el nombre artístico: «Lazarus», muestran un interesante apodo en un país prácticamente ateo.

Así que, además de espionaje y sabotajes se agrega un nuevo armamento a su arsenal: robar bancos.

Y dado la similitud en las herramientas de los ataques al sistema financiero, llevaría a concluir que son responsables de más de 20 ataques a bancos en distintos países.

La identificación del grupo nos comprobó rápidamente nuestros miedos.

—Revisen este *streaming* de noticias —indicó RadeC0m compartiendo el enlace del video.

Kaffeine estaba siendo señalado por la justicia como el principal hacker acusado de robar decenas de empresas, y ser partícipe de ataques a bancos en varios países utilizando la red *SWIFT* según reportaba el noticiero.

Doce millones de dólares del Banco del Austro en Ecuador en 2015, diez millones del Banco de Ucrania en 2016, sesenta millones del Banco de Taiwán en 2017, y diez millones del Banco de Chile en 2018, eran algunas de las acusaciones.

—¡Lo han incriminado! —exclamó Warlock.

Todos estaban fríos y confundidos tratando de entender la situación.

—¿Y dónde carajos está Xpl0it? —preguntó SysOP.

—Es demasiada coincidencia que desaparezca justo ahora —respondió Warlock.

—Siempre ha sido un personaje extraño con sus altas y bajas en nuestra relación —agregué.

—¿Habrá ayudado a incriminarlo? —Volvió a preguntar SysOP.

—Podemos tener muchas diferencias y confrontaciones, ¿pero por qué haría algo así? No me hace sentido —externé.

—La envidia y el odio suelen ser motivadores más poderosos que el amor —acotó RadeC0m.

Después de un silencio incómodo respondí:

—Estamos especulando, tampoco sabemos si ha sido detenido y simplemente están preparando los cargos.

Lo que tampoco sabíamos era que habíamos sido infiltrados, uno de los primeros equipos a los que Kaffeine tuvo acceso era un *honeypot*, que también contaba con una herramienta similar a un «*Canary token beacon*», para monitorear y capturar a todo el que se hubiera atrevido a llegar tan lejos; y con las habilidades de este grupo APT, esconderte detrás de múltiples proxys o la misma red TOR, no es una garantía de seguridad absoluta.

Como los accesos de Kaffeine a los primeros equipos se habían realizado antes de tomar las medidas drásticas, *APT38* ya sabía todo lo que necesitaba de su objetivo, y esperó pacientemente el momento ideal.

APT38 pudo ver con atención lo que sucedía, y cuando se percató que habíamos logrado identificar cómo aprovechaban la empresa de servicios tecnológicos para instalar *malware* en otras instituciones decidieron tomar acción.

Era una pieza importante de su arsenal que les servía para distintos objetivos, y su revelación pública podía provocar una revisión exhaustiva en todos los proveedores de bancos, empresas de telecomunicaciones y servicios alrededor del mundo, impactando de manera importante en sus capacidades de espionaje y robo.

Por lo que optaron por volver a la ofensiva con más fuerza que nunca, y dejar claro el mensaje a quien se crea capaz de desafiarlos.

Procedieron atacando algunos bancos pequeños, esta vez ajustando los códigos y alterando los registros de conexiones para que identificara la computadora de Robert como punto de origen.

Ingeniosamente, su *false flag* para engañar a los investigadores incluyó un registro donde aparentemente el programa usado para alterar y manipular los *logs* había intentado ejecutarse sin éxito, evitando así concluir correctamente con el proceso de eliminación de evidencia.

La dirección IP visible tampoco apuntaría directamente a la dirección final, ya que tal hecho levantaría sospechas sobre las habilidades de los atacantes.

Por lo que los investigadores verían uno de los *hop points* en los archivos de registro, donde una revisión permitiría encontrar otro «error», en el que su *IP* no era eliminada, facilitando así la dirección IP implantada de Kaffeine.

Ocurrió lo mismo en otro banco, en este no replicaron los mismos «errores», pero sí dejaron un código que permitiera relacionarlos con el ataque anterior, y para que este no pasara bajo el radar, procedieron a destruir algunas computadoras importantes.

Luego implantaron evidencias en el *hop point* para relacionarlo con los ataques del pasado a instituciones financieras donde habían sustraído millones de dólares, lo que llevaría a una acusación no sólo de estas intrusiones recientes, sino de todos los casos identificados con similares técnicas y procedimientos.

Como sus ataques anteriores, había sido una planificación y ejecución casi perfecta.

Los ataques recientes habían recibido la atención y la ayuda de departamentos de inteligencia internacionales preocupados por el crecimiento de esta amenaza en todo el mundo. Incluso Santiago, el amigo que involucró a Robert en la investigación de los ataques en Chile, fue un participante activo en la investigación.

Algunos ataques duran años en proceso con pocos avances, en este caso, dado la facilidad de las evidencias dejadas por *APT38* y la calidad del equipo detrás de la investigación, en cuestión de horas tenían todo un expediente construido.

Las instituciones de inteligencia se jactaban del éxito de la operación, posible a través de sus técnicos y la cooperación internacional, dando como resultado la captura de los principales responsables de los ataques al sistema de *SWIFT*. «Los bancos pueden relajarse» se les oyó comentar.

—Han actualizado la lista de acusados y van a presentar en las noticias formalmente a los hackers incluyendo a Kaffeine—exclamó RadeC0m.

Mientras presentaban a los supuestos responsables RadeC0m continuó:

—¿Quiénes diablos son estos?, ¿seguimos el resto aquí? —preguntó preocupado.

Era una situación complicada, Kaffeine detenido, Xpl0it desaparecido, y el resto preguntándose «quién será el siguiente».

No fue hasta que tomé la valentía de ver el noticiero que pude tener un mejor entendimiento. Me tomó un tiempo poder explicar al grupo, mis dedos y piernas temblando incontrolablemente, sentía mareos y casi no podía escribir.

Cuando logré recobrar fuerzas traté de explicar:

—Ese...... no es Kaffeine.

—*WHAT!*, ¡¿qué dices?! ¡Cómo que no es! ...desarrolla.

—Parecían decir todos a la vez.

—Lo conozco desde muy joven, ese no es él. Ni se parecen. Habrán identificado su seudónimo en línea, pero no han dado con él, Kaffeine tiene que haber escondido bien su dirección *IP*, o como último recurso habrá desviado la atención a otro lado.

—Y apuesto a que el nuevo grupo de acusados son chivos expiatorios de la empresa de servicios.

—¿Y Xpl0it?, ¿está ahí? Lo conoces también, ¿no? — preguntó SysOP.

—Sí, lo conozco. No se encuentra en el grupo de individuos presentados, pero tampoco su seudónimo forma parte de la acusación —respondí.

—Extraño... muy extraño... —Fue su respuesta. Lo que yo igualmente compartía en silencio mientras mi mente le costaba encontrar razones positivas.

Lo importante es que ahora sabíamos que Robert estaba bien, o eso al menos esperábamos, pudo identificar el peligro antes de que fuera muy tarde y logró salir de las vías del tren antes que le pasara por arriba.

Nuestra lucha no se detendría, lo que había pasado intensificó nuestras ganas, ya no serían esas amistades casuales, sino, un grupo de trabajo con una misión.

Un nuevo «*Shadow Brokers*», unidos por la furia, el deber y las ideas; y esas no se detienen con prisión o la muerte.

La adversidad como siempre ha permitido forjar mejores hombres y desarrollar mejores ideas, en este caso, había forjado a un grupo de hermanos a luchar por una visión en común.

—Hemos perdido esta batalla..., los errores del pasado vinieron a cazarnos, y eso es imperdonable contra hackers de élite, pero este es el comienzo —expresó Warlock.

Y como si Robert hubiera estado escuchándonos todo el tiempo, recibimos un mensaje:

—*Este es nuestro mundo ahora... el mundo del electrón y el switch... la belleza del baudio...*

...mi crimen es la curiosidad, mi crimen es juzgar las personas por lo que dicen y piensan, y no por como lucen.

Mi crimen es ser más inteligente que tú, algo por lo que nunca me perdonarás... puedes detener a este individuo, pero no podrás detener a todos... después de todo, somos todos iguales —

EOF

AGRADECIMIENTOS

A mi esposa, Anabel, porque soporta día y noche mi desconexión del presente para perderme en pensamientos y lecturas, quien me ha apoyado con su paciencia, amor y consejos. A mi primer retoño, Olivia, quien vendrá al mundo alrededor de las fechas de publicación de este libro, y me llena de gozo saber que pronto la tendré en mis brazos. A mi Mis padres, Altagracia y Carlos, que han dado lo mejor de sí para que sus hijos seamos lo mejor que podamos ser; fuentes de inspiración, integridad, amor y grandeza. Mis herman@s y familia, quienes me llenan de alegría en cada encuentro, seres geniales y únicos, quienes pueden *contar no hasta dos, o hasta diez, sino, contar conmigo*, en palabras de Benedetti.

Made in the USA
Las Vegas, NV
26 August 2021